嬗变

住区商业化更新研究指南

杨之懿　程文杰　蜗牛工作室　著

中国城市出版社

目录

研究导读

005

住商空间

上海历史住区

住改商业空间研究

033

用地形态

上海历史住区

用地形态更新研究

——

173

研究导读

概述

作为中国现代都市的代表，上海城市建筑形式的当代特征始终处于模糊不清且讨论不足的状态。除去政策指导下通过官方直接营造的"崭新"变化，城市自然生长的部分能否提供讨论这种特征的可能性呢？改革开放已有 40 年，虽然这个城市的物质环境还远不能说发展成熟，但不可否认已经有相当程度的"自我"积累，使其逐步显露出一些区别于其他地区城市"进化"的样态或模式。住区是最能反映——也最容易观察——日常生活对城市形式发生作用并推动其发展的城市组件。就"地道"地代表上海城市风貌而言，城市住区一直以来是和商业区同等，甚至更为重要的部分。研究希望以上海历史住区更新过程中各种情状为观察对象，去理解这个城市在特定机制背景下某些正在成形的可能的形式类型。

这里所说的"历史住区"，理论上包括 20 世纪 90 年代以前所有时期建设的居住社区，主要是 20 世纪 30 年代前后的里弄住区，50、60 年代的工人新村以及 80 年代新建的大型住区。20 世纪 90 年代（准确地说是 1998 年）实行住房商品化以后建设的为新住宅区。历史住区在 20 世纪 90 年代以后获得了再发展的机遇，其核心是经济体制改革背景下原来住区按"计划"建设管理的模式，逐步向市场化发展体系转变。这一重要转折在极大地改变社区组织运行架构和人们生活方式的同时，也对城市面貌产生了深远影响。表面上看，历史住区的更新，包括用地和建筑形式上的自发变动，往往给人随机多变、杂乱无章的感觉。然而调研发现，这些变化并非完全无迹可寻，在形式层面其实有内在的发生路径和生成规律。更新后的种种外部形态也有可供理解比较的可能，甚至存在进一步发展的共性。我们可以将其中微妙而错综的形式演变过程，概括地理解为集体向集合的嬗变。这里的"集体"是指上海房地产业重新兴起之前,住区规划管理、住宅建筑设计领域普遍使用的集体化方式,以及由这种方式带来的标准化、模式化的城市空间特征。它反映了改革开放之前和初期,以超越个体的国家计划和集体利益为指导,以相应空间布局规则和使用约束为形式前提,成系统、有组织地进行住区环境营造的历史积累。这种积累成为体制转型、市场重新活跃以后,住区内用地形态更新及建筑单体空间变化的形式基础。集合是指改革开放以后住区更新过程中,个体或者小群体建设行为的自发聚集——根据新的使用需求,打破原有空间界限,重新组织空间序列。正因为这种更新是源于个体的临时和随机处置,自由、不可控成为新的发展基调。原有整齐划一或者说单调刻板的集体模式逐渐被消解,使得住区发展呈现为一种碎片和局部群体拼合的状态。集体与集合作为不同属性的形式原型,共同作用于20世纪90年代以后上海住区的发展变化,极大地增加了城市空间的丰富性和复杂性,并从一个重要侧面展示了城市空间形式在历史转型期的特殊性——继承与转变、生长与异化。研究以这种形式嬗变为切入点,通过对上海历史住区空间更新实例的调研,记录和剖析这种变化的内在机制及可能共性,进而审视本土大城市积累的历史与现状,并引出关于城市建筑在深度化和成熟化,特别是当代地方化形式等方面的思考。

研究分建筑和用地变化两个方向,以相关案例的绘录和分析为核心展开。第一部分是历史住区住改商业空间研究。内容主要是住区小型商业类型兴起背景下,住户对原有住宅建筑单元模式和标准外观的改造。研究绘录了22个案例样本,将改造前后的建筑平面及建筑外观作对比,并以轴剖方式描绘改造后的空间使用情况,然后以案例拼贴成城市街区景观的意向图示和类型研究实体模型，来凸显、提炼案例之间的共性。案例分析将样本的诸般条件、操作因素等拆解为分门类信息的"数据库"，并进一步给出类似方程形式的总结。最后以静态抽象图示作为归纳总结，明确这些改造呈现为一种"单元空间模式下形式多样性"的特征。第二部分是历史住区用地形态更新研究。内容主要是基于外部城市发展与内部功能使用调整要求下，住区土地使用方式及其相关建筑形式的变动。研究绘录了 16 个住区样本，将原始设计和现实情况作对比，并在三维效果上作比照。案例分析通过用地形式变化分类示意，将重点聚焦到不同用地属性间的变化这个关键线索上，并以变化元素的整合与比较图示为基础，推演可能的"滚动"变化，来整理各种变化单元间的关联以及对住区形态发展的路径影响。住区用地更新实时动态的特点不合适以静态图像做归纳，因此研究以现实数据为基础编制了软件，扩展讨论土地局部变动的适用范畴、可能频率及形式指向，进而明确这些变动反映了"街区拆解前提下形式弹性替换"的特征。研究另外补充了比较与延伸思考的部分，介绍东亚三个城市住区自发商业空间的情况，以及住区更新的理念与可能培育机制。借助东亚城市之间的状况差异，去更准确地认识上海案例在城市建筑积累方式或者所谓本土化的内涵。同时，在专注于上海住区更新形式特征的理论研究基础上，对现实住区更新中多种复杂情况和应对策略略作拓展。

摸索前行中
更新的开始
——上海住区建设与社会发展影响

（1980s—1990s）

今天我们能够有一些条件去记述上海住区的城市形式特征，讨论其中对于全球化多样性和地域化特殊性两个层面的价值和意义，甚至以此去思考政治、经济、社会发展的合理性和是非得失，也就是世纪之交以来的这十几二十年才具备的可能。然而酝酿、准备这种可能，却是在20世纪末之前进行的，而且经历了相当长的时间。当时人们还很难想象上海住区会发生如此多的变化，呈现出如此复杂的状态。改革开放后的20年，也就是现在常常被提及和回味的20世纪80、90年代（以下除特别注释外均指20世纪），对于住宅建设而言，与其说是后来市场经济体系下房地产业快速发展的准备期和催化期，不如说是此前计划经济体系下城市基本建设的"接续"期和转型"实验"期。80年代，为了"接续"因文化大革命中断的住宅建设，尽快追补历史欠账，住宅区设计和建设基本沿用原有的思路和方法，并完成了1949年以来最大量的一批积累（事实上，80年代的住区建设以扩建等方式持续到90年代中期前后，这里统一归到80年代）。90年代，经济体制改革的准备从理论走向实践，具体到住区发展层面还是必须以"建成环境"的现状为前提，借助行政法令引导以及各系统、各层级逐渐放开的"政策口子"，在局部进行"实验"性质的调整、更新。在保持原有社会发展轨道和运行方式下探索新的可能路径，是这一段不算短的历史转型期的基调——其中应该留意体系接续和实验过程中由于出现很多意想不到的困难和矛盾而做出的临时应对。上海住区的发展正是在这种历史负重和前路未知中前行。本研究所绘录、分析的住区中各种形式变化的轨迹，相当一部分无法判断转变发生的准确时间，必须要上溯到可能发生转变的最初阶段——也就是80、90年代，才可能比较容易把握相关变化形成的过程及机制内核。无论从时间延续性还是形式生成的源起上来看，即便 2000 年以后发生的更新转变也非孤立存在，或者说难以做到阶段划分明确、样态类型清晰，甚至其因果脉络都模糊难辨。共时、混杂和偶然是这批案例存在的基本状态。对 80、90 年代社会影响和种种历史事件做"环境培育"或者说"时代背景"角度上的整理，也许会提供我们一些解读视角和内容理解上的启发。

80 年代住区：大量建设与复杂权属、配套短缺与消费变化

继"一五""二五"之后，上海住宅建设到 20 世纪 60 年代中期逐步放缓，"文化大革命"期间更是大幅度减少，市区新建住宅量徘徊不前，居住问题突出。70 年代末上山下乡知识青年和落实政策人员回城，进一步加重了住房短缺，社会矛盾日益尖锐。改革开放以后，住房建设成为上海城市建设中最重要和迫切的任务。整个 80 年代上海共规划住宅新村 74 个，建筑面积超过 3900 万平方米，成为这个城市住宅建设量最大的一个时期。今天我们在城市中能够辨认的，那些仍然能够保留原来规划建设基本外观的新村住宅片区，大部分都是这一时期的产物。但是，当时无法预见也不可能等待后来住房政策变化后，规划、设计、管理相应需要发生的全面调整——比如房改虽然在 80 年代早期就有讨论，但是实践层面到 80 年代末还不甚清楚，也就谈不上因产权变动引起的种种后续问题。所以大量的住区建设只能基本沿用 80 年代前老旧的规划设计和管理方式，包括用地仍然是国家统一行政划拨，形式上还是大住区大街块为基本模式，项目不论规模通常只有一个土地使用权证等。同时，因为规模加大，建设加快，在土地使用方面改变了以前按项目分散征地和施工管理的做法，转而采用按规划全市统一、成片、集中征地。按照居住区三级规划指标要求，居住小区建筑面积就达 15 万 ~ 20 万 m^2，可容纳 1.5 万人。当时一些较大居住区的建筑面积超过 100 万 m^2，人口超过 10 万。另外，住宅建设投资一改以前主要由地方财政拨款的方式，转由各系统和单位负责。80 年代住宅

建设中，系统、单位自建所占比重不断增加。到80年代末，这一比重已经超过全市建设投资的四分之三。住区越建越大的同时，越来越多的实际土地使用权从国家转入各系统和单位。房改以后，这些大型住区中即便是住房产权也没有全部从"集体"过渡到居民个人手中（比如"租借公房"所反映的情况），公共用地和公共设施的权属更是至今都很难厘清。90年代末住宅市场化发展以后，住区实际上逐渐拆解重组，从单位制向街道制转变。权属复杂的用地和设施在更新过程中的管控、协调因头绪芜杂而显得异常纷乱错综。所以此类住区在后来深度城市化和商业化建设时，往往普遍存在突变、多变等不稳定状态。

80年代住宅建设的重启和大规模展开中，其中一个突出问题是配套服务发展的滞后。80年代中期以前，无论政府还是民众都更为关心"快得房、多得房"，配套服务指标偏低且建设投入相对较少。除了医院、学校、交通等很难满足需求之外，商店、仓库、公共设施、绿化以及活动场地等的严重不足，也是影响居民日常生活的重要方面。政府试图通过多种举措、增建设施来改变这种情况，并开始逐渐明确居住区服务三级配置方法，主要是调整社会文化服务在住区的位置，明确应该具有的规模，即在什么位置布置什么内容的服务——居住区一级在主要道路交汇地段布置综合商场、文化、教育、医疗卫生等设施，而居住小区一级应对居民日常生活必需，建设诸如粮油店和菜场等分散的小型服务网点。这种规划建设办法，其实是80年代以前，日用消费品和农副产品定量定点计划配给思路下"级站"形式的延伸。一方面，改革开放以后，居民收入不断增加，消费结构逐渐变化，这种三级配置即便升级为"一条街"或者"服务中心"的形式，仍然无法满足社区日渐增长的更为细致、便捷、全面的服务需求。另一方面，由于80年代商业体制的变化，新兴的、来自"非计划"的商业行为和形式——例如零售市场的重新活跃，却没有很好地在住区规划建设中被思考和统筹。事实上，早在1980年商业体制就开始发生松动，日用品及农副产品逐渐放开：原有的购销政策和形式发生调整，主要是国营批发商老旧的统购包销制度开始打破；倡导"三少一多"流通体系——多种经济形式、经营方式和流通渠道，减少环节，扶持集体与个体商业，兴办市场。这些举措促使越来越多的私人部门加入到城市日常商业服务的运行中。80年代中期商业承包责任制广泛推行以后，这种政策上的导向更为明确和正式。到90年代中期以后，私人部门对城市塑造的影响越来越举足轻重。然而对于住区而言，这种影响是在早期"三级配置"完全没有意识到和预留空间的前提下，以各种各样临时、随机和自发的状态铺展开来。

从后来更新与发展的样态来看，80年代的住区建设至少在用地权属复杂和商业服务设施不足两个方面，为后续可能的空间操作提供了契机。当然，这是要以90年代政策给予社会转型实验的种种指引为前提，变化的能量才能够借由这些"缝隙"找到释放的途径。首先最核心的是土地批租、房改以及它们与旧改的结合。1988

年年初政府相继出台包括《上海土地使用权有偿转让办法》在内的多个法规文件，开始推行土地使用权有偿转让，目的在于利用地缘优势吸引内外资。同年晚些时候，政府开始向居民出售公有旧住房，并在11月底正式召开住房制度改革动员大会。1991年年中，《上海市住房制度改革实施方案》出台，住宅分配开始由福利向商品化过渡。土地与住房逐步作为商品从国家生产资料中脱离出来并流入市场，房地产业得以复苏。城市建设从国家行为转变为以土地资源和民间资金结合，通过房地产业运转的方式来开展，已经是非常清楚、明确的政府意图。这种意图在1998年以行政会议的方式正式对外发布——上海将推进房地产行业两项重大改革：一是出台住房分配货币化方案并进行试点；二是试行土地租赁制度。随后，上海试点已购公有住房上市出售，并开放房地产二、三级市场。住区建设、管理的转变在体制准备层面基本完成。直白一些理解，至此，居民有条件选择、购买并处置自己的房产，而包括私人部门在内的各种市场行为者有机会通过"租借"获得有价值的土地进行投资建设。住区也随之在性质上发生了根本变化——以职工宿舍为核心的单位生活区状态,拆解转变成以公寓类型为基础的城市社区状态。产权的分解、独立和市场化,带来的是相关用地、房产业主的自由更动,以及相应"各按所需"的建设和更新。住区的发展以一种和以前截然不同的状态在另一个机制维度上逐渐运转并积累起来。房地产业的日渐活跃极大地重塑了上海原有住区的面貌。当房地产业被引入到旧改领域,并受到更大范围政策弹性的鼓励和基层管理的保障时,其影响力更为迅速而多样地呈现出来。在 80 年代尚未受土地及住房政策影响的情况下,旧改已经被意识到和新建大型住区建设的差异。比如内容上,旧改的过程实际上在解决旧城问题的同时,也在面向新的城市愿景,并非单纯以住宅本身为建设目的。形式上,旧改地段普遍土地效益较好,从资源充分利用角度,建筑形态也应该与大型住区有所区别。90 年代以后,作为城市发展战略重要组成的旧改,受到政策倾斜和制度"关照"的情况陆续出现。1991 年 1 月国家领导指示上海旧区改造要结合市容改造、特色商业街建设,居住问题则着眼于疏解,"打到外线去"。7 月,《上海市城市房屋拆迁管理实施细则》发布,规定在提供补偿和安置的前提下,被拆迁人"必须服从城市建设需要,在规定的搬迁期内完成搬迁"。次年,政府实行第三次市、区、县明责分权,涉及外资、城建、商业、基建等多个与旧改相关的权利下放。不仅如此,市领导进一步要求各部门放权,保障下级单位能够以多种形式快速推进。新生不久的"土地批租"也首次在北京东路某街坊项目中被运用。在旧区建设应当支持并服从于城市形象和商业化体系建设大局的指导思想和基本口径下,基层在实际的城市建设与管理中确实被赋予了前所未有的自主权,从而得以"放开手脚,大胆尝试"。然而可以想象,这种短期自上而下的放权和长期以来参照上级指令的行政管理方式,以及各系统实际上独立运行架构的交织,在具体操作层面会产生怎样的猜测、尝试、变动和互相影响。所以,所谓的大胆是不同基层单位在各自理解和可操作基础上,充满偶然性和矛盾状态下摸索试错的另一种勉励性质表述。需要注意的是,虽然上述一些政策提出时主要针对危房、棚户和简屋的旧改，但是从此后一个较长时期来看，因为旧改政策不仅作用持续、对象放宽，且升级深化，覆盖了越来越大需要以旧换新的城市住区。不仅市中心历史里弄街区基本都包括在内，上文提及的 80 年代以来新建的大型住区也有许多项目有扩建计划，并且在功能上确实需要修正、调整，也在政策红利的影响之内。

社会发展影响 2：再就业与人口结构

商业体制改革带来的经济形式转变，以及再就业问题和城市人口结构出现的变动，是影响住区后继更新的重要软性因素。先来看非公经济的发展情况。80 年代中期以后，商业体制改革从"商品流通"的放开，逐渐进入到"机构组织"放开的阶段。1986年长宁区集体所有制永红百货商店拍卖给商店职工。两年以后，这种最初主要面向内部员工的转制方式，扩展到全国性的公开拍卖。黄浦区 3 家经营理发洗染的商业集体企业分别被上海、武汉和温州的买家购得。随后，

商业生产企业也开始向私人或股份制企业转变。1993 年黄浦区耀华装潢美术厂由集体企业转为私营企业。1994年上海灯具厂将国有小企业改制成股份合作制企业。根据此前"支持工业自销和各部门自办商业"的政策，这些企业也有开办商业网点的资格。越来越多包括大量外省市业主在内的私人部门以多种渠道进入上海商业服务业市场。值得一提的是，在 80 年代商业复苏风潮的席卷下，一些不在政策鼓励范围内的事业单位也开始出现"破墙开店"情况——例如 1988 年《文汇报》报道的复兴中学案例。事实上，这种一度成为激烈争论的现象，在 20 世纪 90 年代很多街区的商业建设中屡见不鲜——事业单位根据城市发展和自身需要，以商业为目的重划土地使用方式的情况比比皆是。例如 1994 年为支持建设控江路商业中心，新华医院沿街辟建 4 层商业建筑对外租赁经营。事业单位为非公经济活动提供经营场所，仅仅是商业体制转变后城市空间重构再生的一个缩影。宏观一些来看，伴随这一时期非公商业形式快速成长的，实际上是城市整体"非计划"商业活动及相关空间拓

展的活跃——越来越多自发自主的个体化商业行为带来的经济影响，以及它们对所需经营场所诉求带来的空间重塑能量。也正是在这个意义上，我们常常认为到 20 世纪 90 年代中期以后，私人部门对城市面貌的影响已经无法忽视。当然与此同时，上海逐步取消食品、粮油票证，放开价格管理，敞开商品供应，起到了非常关键的助推作用。在 20 世纪 90 年代前半程这波加速转变中，再就业问题和城市人口结构变化带来的影响也需要被纳入考量。一方面，因为企业转制、破产而下岗的人员不断积累，再就业问题日益突出。1993 年，再就业问题以政府工程的方式启动。不过以失业一年以上人员为重点对象，以所在区一级为范围，安置项目到年底仅仅处理了 3400 个案例。为改善效果、增加安置数量，第二年由区级上升到市级，并由多部门协调推进。《关于企业下岗待工人员再就业和保障基本生活问题的若干意见》发布，再就业工程实施范围扩大到全市企业。然而据统计，90 年代以后，上海的下岗工人约有 100 万人，提前离岗无法领取足额养老金的退休工人有约 50 万人，因土地开发而失地后进入城市的农民有约 100 万人。这些人员从就业意愿上看，都属于"待岗"人口。然而数量如此庞大，仅依靠政府牵线搭桥式的"再分配"是远远无法满足要求的。"自谋出路"甚至自己"创业"成了其中一部分人的现实选择。另一方面，受本地人口老龄化和城市发展需求等因素的影响，外来务工人员大量增加。1993 年，上海人口自然增长率为负 0.78‰，老龄化趋势初现。1994 年 2 月 1 日起，上海对某些具备条件的外来人口实行"蓝印户口"制，对外来务工人员实行"寄住证"和"务工证"制。5 年以后的 1999 年，首批蓝印户口转正成为上海市常住户口。以实际劳动力需求为基础，客观上较高的收入水平，加之工作和生活在城市的身份吸引，外地来沪人口数量快速增长。几年以后，外来人口占高比例的街道即便在市中心也比比皆是，一些区的近郊街道甚至出现了外来人口比重大于户籍人口的情况——例如徐汇区靠近闵行的虹梅街道。除了按用工需求进入上海各级企业单位就业的这部分外，其实外来人口中很大一部分以"经营"或"参与经营"小生意的方式和上海本地下岗失业人员一起，流入上海商业服务业市场。城市的街巷和社区中除了业已存在的商业空间，各种能够被挖掘使用的新生空间场所，遵循着各自的商业逻辑广泛且迅速地出现并成长起来。数以百万计的劳动力能量源源不断地输入到城市"非计划"商业活动的方方面面中，相应的即便是最为细枝末节的空间拓展也前所未有地膨胀，这并非是夸大其词的说法。2002 年统计表明，包括商业、餐饮业、服务业在内的私营经济网点在全市超过 13.7 万个，从业人员超过 100 万。住区不仅因为商业服务业现状亟待改变确有商机，而且较市级商业点更易通过基层管理获得包括土地在内的空间资源，非常自然地成为这股发展大潮中的重要组成。

社会发展影响 3：城市商业网点建设

最后，90 年代以后上海市、区两级商业网点的重点建设，对周边住区产生了较为直接的"环境"影响，这种影响后来辐射延伸到商业点附近更为广大的社区。静安寺南京西路和淮海路是上海保存较好的历史住宅街区，也是历史上商业活动较为活跃的地区。在 80 年代商业街重新复苏的基础上，受"四街四城"市级商业中心核心路段建设的拉动，进入 90 年代后所在地区商业化积累和转变更为积极和明显。静安寺附近继上海宾馆（1983）后，静安希尔顿（1988）、国际贵都（1991）、百乐门（1992）等星级酒店陆续建成开业。商旅人群的增长刺激了华山路沿线商业服务业内容和数量的发展。不仅包括面包、果品、眼镜、医药等在内的沪上多家著名商业品牌入驻该路段，而且催生出包括酒吧、高级餐馆等新兴业态。南京西路上，当时沪上最高最大的顶级商业综合体上海商城（1990）建成，一改此路段老旧低矮的城市商业形象。作为高级商场、酒店和办公的代表，它和几年后开业的梅龙镇广场（1997）、中信泰富广场（2000）、恒隆广场（2001），一起将南京西路转变成高档零售消费区和中央商务区。与此同时，一些次级道路也表现出日益膨胀的商业能量。例如升级后的威海路"汽车修配街"和卷土重来的石门一路"妇女服饰街"。淮海路沿线的情况基本类似。1990

年星级酒店新锦江、富丽华、花园饭店正式启用。1993年国际购物中心、华亭伊势丹、第一百货淮海店和次年的巴黎春天百货陆续开门营业。这些重点商业建设项目很快带动了周边次级道路上商业空间的生长，区别于主路上的品牌店和百货商场，陕西南路、茂名南路、瑞金南路上以日常消费为主的本地餐饮、外贸服装、特色杂货经营业态逐渐形成一些气候。80年代就名声在外的华亭路市场，和后来红极一时的襄阳路市场，可算是此类"次生"自发商业活动的另类代表。同为成熟历史住区中商业街的重整和加速发展，以上两个地区建设概况中提及的大型项目均是通过旧区完全拆除后新建来进行，小型项目大部分是利用和改造已有商业空间来完成，这当中包括对所在路段上众多里弄住区（还包括90年代以前见缝插针建设的部分）中相关建筑和用地的"征用"。事实上，除了因集中发生的大量拆建改造项目的牵连和影响外，里弄住区本身所包含的沿街商铺和"可商用"住宅空间，作为官方规划建设以外的重要补充资源和其他可能，被民间自发建设并广泛使用——尤其在重点建设

路段周边的小街道上。对于许多初入市场的新兴个体业主而言，它们是性价比更高、风险性更小、准入门槛更低的空间投资选择。与主要商业街的正式感和公共化特征相比，周边住区街道以亲切的日常感和社群感形成鲜明反差。对于以特定消费人群为对象，具有临时性和变动性营业特征，却不特别强调门面要求的"次生"商业活动而言，它们是更为适配的成长环境。

受重点商业项目或网点规划建设连带发展的现象也发生在紧邻市中心的许多大型住区当中。这里以曲阳路、大连西路地区为例。这里自50年代以来就一直是上海主要的大型定居点，附近的新村包括广中、广灵、邮电、大连、友谊、玉田以及后来的曲阳等。因为离市中心距离不远，又经过多年的城市化积累，这里在交通、市政、日常商业服务、公共活动设施方面较之近郊的大型住区算条件尚可。90年代以后，紧邻或靠近这一地区的市、区两级商业重点建设陆续开始。1992年位于曲阳路北端的上海商务中心动工兴建。这座15万 m^2 建筑面积购物中心似的5层超大型建筑，在1995

年投入使用后，事实上转变为辐射上海东北片的家电、家居采购的专业市场。其中首层的连锁大卖场易得超市和入驻原来曲阳商业服务中心位置的另一个大型超市家乐福，几乎同时开门营业，而后者是该品牌在上海的首家门店。同样是1992年，以打造杨浦区商业中心为目的的控江路商业街建设继80年代的"一期工程"以后，开始了第二次规划建设。在先期落成的三峰精品商厦带动下，包括新华医院、上海电表厂在内的沿街单位辟建商场，吸引市中心品牌大店在此开设分支，到90年代中期零售、服务、餐饮的综合业态基本成型。1993年，"四街四城"之一的四川北路开始规划建设。1999年重点项目虹口足球场落成启用。作为全国第一座专业足球场，这个项目还包括了体育娱乐、餐厅、美容、零售等多种商业设施，为四川北路北端的商业建设活动注入新鲜能量。其实整个90年代在大连西路、曲阳路至四平路、控江路一带，城市商业建设活动持续高涨。由上海商务中心带动的曲阳路北段、中山北二路相关路段，由控江路带动的鞍山路、江浦路、大连路相关路段，由四川北路、

虹口足球场带动的江湾路和花园路等路段，在主要商业点建设伊始就逐渐发展起来。这种建设势能很快蔓延到周边住宅街道中，如赤峰路、玉田路、欧阳路等，小型商业服务网点非常明显地进入一个快速积累阶段。"一条街"变成了"数条街"。这些住区街道上的大部分商业化更新没有经过统一规划，但是沿街部分的用地重划和建筑改建、拆建却非常普遍——比如利用原有绿地新建商办、商住建筑，沿街事业单位辟出商业出租用房，以及大量住宅底商开设零售门市和日常服务等。不仅如此，整个社区的功能调整和建筑更新也因此被牵动起来。公共设施的翻新、空地上的住宅增建、活动场地的补充，甚至住区出入口和内部道路的变动都是随处可见的现象。住区原有的面貌被极大地改变了。

小结

简单地说，20世纪80、90年代上海住区的发展，是在"计划"体制下，住区建设在土地制度、规划建设、使用管理等方面旧有模式行将收尾时寻

求转变和新生的过程。虽然路径不甚清晰，但毫无疑问与改革开放后的重大政策和社会状况，如上文提到的土地批租、住房和商业体制改革、再就业和人口结构，以及市、区两级商业建设有着密不可分的关联——尽管可能很难说清楚不同的影响因素是如何互相作用，且以多大强度共同施加在住区这个对象上。如果我们可以将这种状况权且称为源起不明的话，那么实际上住区面貌到底会达及何方，当时也是比较模糊的。改革开放的过程常常被比作"摸着石头过河"。如果说经济体制改革确有从此岸到彼岸的目标的话，那么对于包括住区在内的城市建设和发展而言，其实并不存在一个清晰图景的"对岸"。20世纪80、90年代的上海，政策与城市之间互动的混杂而多变，居住空间转变、重构的偶然与零散，更接近完全下水前那种"试水"的状态。只不过在水中试探深浅、摸索前行的过程竟就此渐行渐远，周围的图景也已经发生了巨大变化。研究所要探讨的住区形式的种种变化，并不是基于体制改革完成

以后完全在某种市场规则运行下产生的那种情况，而是在制度与社会转变过程中逐渐生长、积累起来的形态。80、90年代住区发生的种种"计划"末时代大量模式化建设，以及准市场环境与政策缝隙中的转型和再生，并不仅仅是2000年以后城市迅猛发展下广泛商业化更新的背景准备，而恰恰是以"接续""实验"为机制的形式内核培育、产生并初露端倪的开始。市场经济体系下，高速运转并不断膨胀的房地产业只是将这个形态内核在数量和复杂程度上进一步放大显示出来而已。

参考文献

[1] 上海住宅 1949-1990[M]. 上海科学普及出版社, 1993.

[2] "地方志与上海改革开放40年"专栏 [DB/OL] http://www.shtong.gov.cn/node2/n189654/index. html.

[3] 我国城市小街坊住区公共服务设施主要问题研究 [D]. 刘小波, 北京: 清华大学, 2010.

[4] 上海商业: 1949-1989, 张俊杰 [M]. 上海科学技术文献出版社, 1992.

[5] 徐建国, 上海市经济委员会. 2005上海商业发展报告 [R]. 上海科学技术文献出版社, 2005.

住商空间

———

上海历史住区
住改商业空间研究

1.1

上海住改商业现象的
历史背景与形成机制

今天的上海住改商业现象（将住宅改造成商业用途的情况），大致是在改革开放后的 20 世纪 80 年代出现并积累起来的。如果考虑到 2000 年以后各种城市法规的逐步约束，尤其是 2007年《物权法》颁布加之管理更趋严格的情况，这种住商转换的空间形态发展也就是短短二十几年的时间。然而，住改商铺作为上海城市积累的一种结果，不仅数量可观，而且在质量和分布上，与全国其他城市相比非常具有代表性。这种特殊的城市商业空间形态似乎已经对这个城市产生了某种"不可逆"的深远影响。这些看似不起眼且多少有些随意的小小的局部改变，何以如此迅猛发展且"不可动摇"呢？下面对其中三个方面的关联因素作一些梳理。

商业复苏与"小"而"多"形式的活跃

上海商业发展经历了曲折的历史过程。50 年代（20 世纪，以下省略）随着社会主义计划经济制度的建立，销售市场和社会消费结构急剧变化。仅在 1950 年 3 月至 5 月间，各类商店关门歇业的就达 5310 余家。40 年代以前慢慢形成的城市内部纵深商业受到很大破坏。这一情况在后来的"大跃进"和"文化大革命"中进一步恶化，流通渠道基本由国营商业"独家经营"，零售业网点由"小、密、多"变为"大、稀、少"，自发的小型商业所剩无几。改革开放以后，政府出台一系列政策逐步放开市场，其中包括鼓励和扶持集体和个体商业。一方面从就业政策角度看，1981 年根据中央《关于广开门路、搞活经济、解决城镇就业问题的若干规定》，上海开始推进集体、个体的商业服务业发展，例如积极组织待业青年兴办各类合作社。到 1989年仅新办的集体商业网点就有 5000余个。全市有证个体商业、饮食服务业户数由 1978 年的 8000 余户增加到 1989 年 8.9 万户。另一方面从商业建设角度看，1981 年《国务院批转全国商业厅局长座谈会汇报提纲的通知》对城市社区中的商业网点提出建设要求，诸如主要街道新建楼房的底层应当安排商业，提倡街道挤出房屋办商业服务业，集体和个体可租用居民铺面房开设商店等。在这种政策的鼓励下，上海对新辟居住区按比例配建商业网点，10 年内新增商业面积 105 万 m^2。参照上海店铺商场面积在整个 80 年代增加约为 168 万 m^2（从 1979 年 232 万 m^2 增长到 1990 年 400 万 m^2）[1]，居住区商业的发展对于上海整体商业复苏影响深远。到 80 年代中期，上海商业建设进一步强化。1985 年国务院在批转《关于上海经济发展战略的汇报提纲》中，明确提出把发展商业等第三产业作为一项重要方针和任务，助推了正在依靠居住商业重整架构的上海商业发展。1986 年《上海市沿街公有营业用房管理暂行办法》出台，明确沿街自住公有房屋可以从事营利性活动，或者可出让部分房屋给企事业和个人从事营利性活动。截至 1989 年全市各类商业网点达 12.8 万个，除了很多计划经济时代的"级站"网点和商业街店铺转制延续下来外，城市中最显而易见的就是各个居住区大量沿街底层住宅商铺重新复活，小型零售及服务业又重新活跃起来。业主不仅有所谓"个体户"和私人经营者，也有工业企业的销售部门以及底层行政机构（诸如"街道"一级）的商业部门等，可谓五花八门。

这种情况在 90 年代商业发展持续升温过程中得到积累，到 1999 年，仅私营、个体及无证经营的网点数量就达到 21.6 万个，营业面积超过 800 万 m^2，覆盖全市包括郊县在内的所有地区，种类包含零售商业、餐饮业及传统服务业的各种业态。"多"成为这时期上海商业的其中一个关键词。另一方面，据 1999 年商业统计数据[2]显示，全市零售商业网点中 72.9% 的营业面积在 100m^2 以下，除了大卖场外，百货、超市、便利、专卖、专业和其他（不在前述分类之列的）业态均有涉及。所占比例最高的是其他和专业店，分别为网点数的 79.8% 和 74.9%[2]。以单项业态的平均营业面积来看，例如便利店为 83m^2。事实上行业规范设定的标准更低，1998 年起连锁便利店营业面积达到 50m^2

就满足设立条件，而连锁专卖店面积弹性更大，只要"与经营活动相适应"就可以（《上海市商业连锁企业若干规定》）。餐饮业对营业面积要求相对较高，但是也有30%的网点在100m²以下。而前面提到的诸如个体及无证商户营业网点的平均面积更是仅为19.9m²、34.1m²[3]。"小"成为上海商业的另外一个关键词。以"小"而"多"为特征的小型商业形态不仅在上海重新出现和活跃，而且因其自身运作特征的逐渐清晰，对城市空间产生了至关重要的影响。

不得不接受的住房改造

从50年代到世纪末的数十年时间里，除了通过新辟居住区来增加住宅建筑面积、提高居住质量这个主流之外，对现有住宅的改造也是上海这个城市在推进住宅建设上不可忽略的组成部分。即便时至今日，城市中各个片区尤其是中心城区，针对老旧住宅各种形式的改造一直在进行着，而且目前看来在未来也仍将持续一段时期。根据最初发生改造的对象，大致上可分类两类。第一类是50年代以前建设的老旧住宅——主要是40年代以前甚至更早时候遗留下来的旧式里弄。因为普遍建筑质量低下，居住条件差，从50年代开始，对这些住宅进行维护修理的同时，也着手通过改造解决一部分"闷、暗、破、漏"问题。例如尽可能增加门窗开设的位置和数量、对原有室内空间进行新的划分、升高屋面提升层高等，改善建筑采光通风条件[4]。在结构条件许可的住宅中，还尝试通过扩展室内面积、补充搭建、增加阁楼等，增加实际使用面积。不仅如此，同时试点内部结构改造，力争为每一层用户提供煤卫设施。以"改造功能，增加面积，力争达到每户一套独用设备的住宅[5]"为目标的旧式里弄改造到80年代还在如火如荼地进行。第二类是50年代新建的工人住宅。这批我们可以统称为"初期"建设的住宅建筑（包括早期的工人宿舍和后来简陋的集合公寓），对于居住水平、生活方式以及社会发展的预期都相对不足，由于很快在实际使用中遇到问题，不得不进行重新改造。最初的改造方式只是搭建披屋——建筑南面补充搭建面积的方式。后来又尝试对房屋加层——在规划和日照间距许可的前提下，加建1～2层扩大建筑面积。无论是哪类改造，主旨都是在住宅需求不断增长而城市建设资金和用地相对有限情况下，以"投资省、效益好"为原则，尽可能利用已有的住房资源。这种对原有建筑进行"再加工"的做法在60至70年代因为上海住宅建设大幅减少后显得更加突出，60年代全市总计房屋加层加建面积73万 m²，参照50年代每年平均仅65万 m² 新建住宅面积[4]（这还是80年代以前上海住宅建设增量最大的时期）以及同期没有编制新居住区规划的情况，这个数量是非常惊人的。80年代以后上海住宅改造的规模进一步扩大。因为得到当时住房制度改革初步试验的体制保障，由国家、集体和个人三方出资，极大地缓解了资金不足的困难。除了根据住房条件继续适当地改造施工外，开始成街坊大规模旧房改建[6]。需要注意的是，以上提到的种种情况主要属于政府、集体统一施工的范畴。事实上因为住房紧张，上海市民日常生活中在原有住房基础上增建、搭建的情况比比皆是。政府对个人层面的

改扩建行为，在考虑现实困难和平衡管理需求后，表现出某种容忍和妥协的态度。例如我们可以在1980年颁布的《上海市公有房屋租赁管理办法（试行）》某些管理条款中发现这些态度的痕迹：对于相应改造部分的处理，虽然原则上"……拟将改装者，须报请批准……"，但是对于已存在的，"……除因影响房屋结构安全……情况外，可以保留使用"；在公共部位发生使用纠纷时，也以"尊重历史使用情况，除恃强霸占的以外，一般不作变更"为解决原则。基于上海住宅历史积累、政策变动和发展水平的客观状况，"修修补补又三年"的改造方式成为这个城市在改善居住环境方面不得不接受的一个重要途径，政府和大众对此都表示出认同。这种情况至少延续到2000年以后。

房屋产权变化与房屋管理

80年代启动的住房体制改革（以下简称房改），无论对城市建设还是普通市民而言，都是改革开放以来最重要的事件之一。房改酝酿于70年

代末 80 年代初，整个 80 年代试点的过程进行得并不理想，到 90 年代中期，讨论了 10 多年的房改还在提租和售房中摇摆不定，没有解决根本问题。后来通过住宅产业化政策以及深化房改制度，最终在 1998 年确定用住房分配货币化政策取代实物分配，实现住房的社会化和商品化，房改基本完成 [7]。在计划经济时期，绝大多数住房作为生活耐用消费品通过各级企事业单位分配给劳动者——也有少量私人住宅，房屋产权属于国家或者集体。房改以后，个人解决住房问题需要通过市场而不是单位，从一种隐含意义上促使房屋产权发生了微妙的变化——尽管当时这不是改革的重点，对此的解释也不甚明确。但从原则上看，产权的变动在制度层面并没有造成多大困扰或影响（在土地国有的基础上，有年限的使用权与私有相去甚远），但是对于使用者个人而言，这不仅涉及房屋处置的权利和自由，同时也是对房屋作为私人财产的某种保护，是一种极大的转变。例如，个人可以在城市任何位置拥有多套住房——也可能发生在同一栋建筑中甚至左右相邻。房屋原有的状态（包括室内外的改造部分）通过市场买卖手续得到"合法"的固化和继承——尽管很多搭建并不在房产中算入面积——以及获得房屋产权后可以租赁他人使用等。这些在计划经济时代受到管制甚至违法的现象，到 90 年代中期房改尝试出售新建商品房的过程中仍并不多见（出售过程本身也不顺利），但是在上海1998 年成功试点已购公有住房上市出售，并随后开放房地产二、三级市场以后，变得越来越普遍和明显（1998年当年上海已购公有住房上市出售面积超过 50 万 m^2）。简而言之，产权的变动使得住宅当中发生变化的复杂程度和频率都大大增加了。

房改经历了大概 20 年的漫长讨论和试验，其中的波折导致城市住宅建设在管理层面有所摇摆是可以想象的。1991 年《上海市住房制度改革实施方案》颁布之前，因为在现实中急需协调的办法，同时在政策上也确实有一定宽容度，上海在 80 年代尝试了一些政策管理方面的新举措，有些在后来实际操作中还是发现有很多问题。例如，《上海市公有房屋租赁管理办法（试行）》中对某些产权变动情况的规定："一般不作变更，……在租赁关系或使用情况发生变更时，房管部门可根据具体情况调整公用部位"；"……改装或增建面积应无偿归房管部门所有……"；"过去并未归公的，产权仍归搭建人所有"等。虽然主旨上是将改造变化纳入管理轨道，但是执行中流露出"基于现状"思路下对原则与弹性的平衡。又如，上文提到的80年代成街坊的旧房改建工作，其中通过改建后增加的建筑面积，部分作为商品房出售。这种边拆边建、以改带售的情况不只在政府主导的建设行为中有，在单位和企业层面也存在。由于80年代政策上鼓励职工住房由所在单位负责解决（福利分配制度没有改变），企业单位也有自行选点进行旧房改造的情况，拆建导致变化的认定比前述案例就要困难了许多。再如，参照国家《城市规划法》（1989）规定，在住宅中搭建建筑物、构筑物，或者改变住宅外立面、在非承重外墙上开门、窗，须经城市规划行政主管部门批准。具体到基层管理，上海新建住宅新村设有管理委员会（以下简称管委会）来负责和协调新村范围内规划建筑、房屋、绿化、环境、

交通道路的管理。诸如《上海市新建新村管理暂行规定》（1988）中指出，"……增建、扩建、改建有关建筑及设施……，……在区城市建设办公室指导下，有管委会负责"，"……房屋结构和用途不得任意改变，……由管委会的房管部分代表负责"等。管委会有些类似今天的物业，但是因为有政府行政人员代表参与——包括公安、环卫、市政，权力要大得多。另外，上海公有住宅使用方式的变更（居住变营业），以及包括改扩建、加层、搭建，结构、形状、室内布局的变动、门面改装在内的房屋设施改变，须报市、区、县房管局审批（《上海市城镇公有房屋管理条例实施细则》，1991）。但实际操作中基本由区房管局审批和登记，城市层面仅作备案（在诸如1994颁布的《上海市公有住房售后管理暂行办法》中就不再强调市级房管局的行政审批要求）。这里要说的是，虽然原则上各种法规和管理并不矛盾，但在日常管理中不可回避存在多级多头管理以及审批条件"因人而异"的现实，以致出现今天仍常常被大家提起的"谁都管，又谁都不管"，或者以罚代管的情况，反而在一定程度上为住宅改造

中各种混乱情况提供了生存空间。

几点设想

通过这三个方面情况介绍所搭建的框架，我们可以大致了解在80、90年代体制变化过程中，上海商业和住宅发展所处的基本社会状况。作为建筑现象生成的土壤环境，其中的脉络也为我们理解住改商铺的发展与繁荣提供了一些线索。这里提出几点简单设想，来尝试嫁接其中的关系。第一，改革开放后上海商业复苏与重新活跃，私营、个体以及无证商户是其中发展最快的部分，由于掌握资源（诸如资金、空间之外还有体制因素）的差别，相对于国营、集体的大中型商业空间，它们表征了一种小微型的特征。受到小微型商业空间大量需求爆发性增长的拉动——许多国有和集体商业企业的发展也表达出一部分小微倾向，住宅向商业用途转变出现了前所未有的契机。第二，对旧有住宅进行"追加"改造自50年代起就是上海住宅建设的重要组成。这种做法在城市发展策略和市民日常生活两个层面均得到普遍认同。行政管理因此也表现出一定

程度的妥协和容忍。从空间改造具体操作角度来看，住改商铺与纯住宅改造在方式方法以及外在形态上非常相似——在未说明转变用途的前提下几乎很难区别。所以虽然原则上不属于同一范畴，但是改造在管理上一同被"妥协和容忍"所惠及是并不鲜见的情况。第三，房改所导致的产权变化，不仅以一种"既成事实"的方式将住宅中的变化（包括商业用途的改造）通过市场易手延续及"合法化"——产权交易得到法律认可，而且为出现更复杂多样的组合和使用方式创造了条件。同时，管理体系的搭建因为房改过程的曲折倍受影响，无形中增加了大量灰色改造行为的可能性。如果以上设想的情况基本属实，那么也就不难理解上海住改商铺何以能够在整个城市层面，以某种"特定"的形态方式"合法"地发生作用并延续至今。

2000年以后，上海住改商铺的发展不断升级。上海商业的发展在市场和政府的双重催化下进一步加速。一方面政府开始有目的地重点发展一些具有较高商业品质、面向高消费群体的街区，不仅那些改革开放后积累

的住改商铺进一步发展成精品店、二手奢侈品店、咖啡、酒吧和高级餐馆等，而且不断有新开辟和新改造的小型商业街道和群落加入进来。另一方面，城市中其他地区的某些路段也在不时增添以服饰、杂货、便利、饮食、日常服务等面向居民的商业和服务以增加所在街区的经济活力。不论是高级或日常、合法或非法的形形色色的住宅商铺，以一种代表性的空间样式成为上海当代城市全景中不可分割的一部分。最近几年对城市违建的集中治理并没有改变这一基本现实。因为事实上，住改商铺并不是表面上自下而上自发的建筑改造或城市商业行为，而是被裹挟在城市发展浪潮中，在多种机制牵引和推动下，一套不完整城市系统成长的局部外化。它将上海这样的发展中国家大都市，在建设积累过程中摸索和调整的诸多方面以空间形态的方式呈现出来。

参考文献

[1] 张俊杰. 上海商业：1949-1989[M]. 上海科学技术文献出版社，1992.

[2] 上海市商业网点管理办公室. 上海市商业网点管理文件汇编：1981-1996[G]. 1996.

[3] 上海市商业服务业普查办公室. 1999年上海市商业服务业普查资料汇编[G]. 2001.

[4] 吕俊华，彼得·罗，张杰. 1840-2000中国现代城市住宅[M]. 清华大学出版社，2003.

[5] 上海住宅1949-1990[M]. 上海科学普及出版社，1993.

[6] 崔广录. 上海住宅建设志[M]. 上海社会科学院出版社，1998.

[7] 叶伯初. 上海住房制度改革实施指南[M]. 上海科学技术出版社，1993.

1.2

自上而下和自下而上之间

上海历史住区住改商业空间研究

住改商业空间（以下简称住改空间）就是将住宅建筑中的居住功能置换或改造为商业功能。一方面，它们因为绝大部分来源于市民个体需求下的自发商业建设而显得随机、芜杂——功能空间使用上千变万化，另一方面，它们又因为受制于原来住宅建筑的居住单元而从门面上看大同小异——外观形式高度齐整、一致。这种形式上多样与单一的矛盾状态，通过单个空间之间以及单个空间与周边机理之间的微差与连贯状态，将不同住改空间案例整合成某种"总体"印象。研究正是以这种印象为基础，尝试去理解住改空间"大同小异"形式机制，对空间变化的边界条件给予界定，以此搭建一个可供比较和发展的框架，考察它们是否存在某种共性"模式"。自上而下（Top down）和自下而上（Bottom up）是研究选择的两个基本分析着眼点。

自上而下（Top down，以下简称

"上"）指改造前既有的住宅空间及其附带的对后续改造产生可能影响的各种条件和限制要素。上海历史住区以公寓为主要类型，在空间形式上带有集体化特征（如不同住户群体在户型面积、功能组合及服务设施等方面均有不同的"标准"），这与独立式住宅所呈现的个体化特征有本质上的差别。公寓的居住空间并不是根据特定个体要求的定制设计，而是以群体需求为对象的集合式设计。住户对于居住方式的选择实际上是基于机构（历史住区来说主要是各企事业单位）"供应"的具有某类集合意向住宅产品的选择。就上海的情况来看，这些住宅产品在空间尺度、功能组成和建筑要素上的相似程度非常高。这不仅与土地性质及当时的使用方式有关，也与民众和设计方在时代背景下对现代居住方式的认识程度和习惯积累有关。既然住宅产品的"普遍性"从本质上无法满足居住者个体需求的"特殊性"，那么后来社会发展条件下的改造在所难免，这是其一。更为关键的是，所有来自居住者的改造方式都会有一个共有的建成环境前提——经过"不完整"设计的"空间预案"，它是后来使用多样性的基点，这是其二。对于功能和形式要求复杂的商业改造而言，两者会将"上"的影响和效力更为显著地展现出来。从消极的方面来看，"预案"确实设有一些固定甚至不可更动的建筑元素（如柱、承重墙、楼梯、设备管线等），空间配置模式（如房间的安排、庭院朝向、主次阳台等）以及与之相匹配的主要使用方式（如出入口，室内基本流线和空间使用频率，户外活动范围等），这些设定都是改造的约束性前提。简单来说就是组织结构的基本框架已定，除非拆除进行得较为彻底，否则很难实施根本性的变动。事实上，以砖混结构为主的上海多层住宅在结构层面就阻止了大面积拆除式改造的发生，更不要说结构更为苛

刻的高层公寓或者年代久远的砖木结构的里弄住宅。从积极的方面来看，因为结构和构造方式的缘故（如各种结构体系中存在承重与否的差别），以及空间细分的可能性（比如超大卧室、超大客厅），确实存在隔墙位置调整的可能性。如果再考虑层高的因素，空间大小甚至高度都并非绝对不可变，总有细化深入的变动性存在。这些可以根据后期使用的个体需求更改的"先决条件"本身不一而足，对于改造后的最终形态自然有观感上的差别。另外一个值得注意的方面是，住宅的商业化改造会涉及产权范围。改造通常都以居住单元为基本前提——即发生在一户或几户内，任何超出单元限制的变化也都与单元发生必然关系并可清晰界定出来——至少要以一个单元为改造源头。这种情况可以理解为以单元为核心的变化过程。这三个方面就是"上"作为条件和限制的基本特征。

自下而上（Bottom up，以下简

称"下")指根据个体需求对既有空间所做的各种更动变化。这种变化相对"上"的"空间预设"而言，属于个体再"设计"范畴。现象上观察，它们总体上缺乏正式感和系统性，忽视外在形式的整体性以及空间要素在使用方面的界定，有时会以牺牲舒适性为代价，显得随意、临时甚至可以说粗鲁。我们常常可以发现为了追求改造目的直接达成而产生极端化做法的情况，例如通过阳台封闭、庭院加盖或者在低矮的空间中增建阁楼的方式来获得"额外"的室内面积。原本的空间要素消失或者扭曲的同时，新增加的空间并未在实际使用质量上获得保障，这里还不涉及改造后外观的协调性问题。但是从另一个角度上看，此类空间"调整"确实能够在一定程度上回应新的功能要求。就住改空间而言，相应的商业服务（如餐厅，零售，酒吧等）与原有空间总是能出乎意料地找到平衡点，对诸如展示、服务、设备等功能空间的要求差别做出必要处置。不仅如此，相较"空间预设"在设定之初因法律规范、地方习惯以及"集体需求意向"表现出的种种约束，自发性改造的自由度还是具有更为开放的弹性。比如，不同商户对具体商业类型的理解和空间体验会有不尽相同的地方，相似的改造手法往往也能在方寸之间表现出难能可贵的差异性特征。这也是为什么尽管住改空间难免给人有杂乱无章之感，但确实无法否认它们在促成使用功能转变以及空间适应性方面的多样化智慧。从具体操作层面来分析"下"，有两点需要特别留意。其一，如果改造后的空间多样性是研究的主要对象和着眼点，那么凡是改变了原有"上"所表述的空间关系的因素都应该被考虑在内。例如，除了比较具体的拆除、扩建、细分和合并等直接和空间尺度、范围有关的"硬件"变更层面外，诸如空间主次序列、进入方式、室内流线等"软件"上的更新也需要考察。其二，有一部分的改造触及产权范围及法规限制的问题。改造行为超越了以住宅单元为基础的界限，从"私有产权"部分或全部延伸到公共空间——也就是我们常说的非法搭建和占用现象。虽然那些毫无管理约束、任意且胡乱使用公共场地的情况不在研究之列，但是也需要看到现实情况是，无论什么原因，确实有获得外在"公共"权利允许而大量存在的此类案例。这类改造所产生的复杂性应该也属于住改空间的一部分，同时因为有别于前述完全基于住宅单元本身改造的情况，需要区别对待。

根据以上对"上""下"作为研究基本线索的描述，上海住改空间的"大同小异"现象来自于两者的共同作用。然而，如何厘清诸多个案表现在弹性和效果上的程度差别，才是隐晦和不易把握的问题，对于研究而言也最有引导性价值。我们理解，这一方面与"上"的容量（capacity）——即单元条件自身的包容度有关。不同的"上"作为先决条件在控制和约束后续变化的可能性时，存在"有利"与否的差别，多大程度上能够提供适应性是包容度的核心。单元空间自身的复杂性并不等同于或者直接导致容量的获得。作为后续空间"生长"的要素契机（也可以理解为载体），它必须通过"下"的种种尝试来检验接纳能力和重组方式上的优劣。另一方面，问题的答案也与"下"的策略（strategy）——即单元约束条件下空间操作的选择性有关。不同的"下"在延续"上"的特征和发展多样性方面有截然不同的导向，是否能在原有单元空间的基础上培育出更多细腻的空间变化是选择性的关键。同样的改造策略并不意味着一致的操作选择性，它只能被认为使用了相似手法而已，只有和"上"所提供的具体空间环境形成组合时才能显现出质量上的高低。研究就是需要精确理解在哪些方面和多大程度上"上"对"下"给予界定，以及"下"对"上"做出重塑，从而把握"大同小异"所描述的两项特征——即"同"和"异"——究竟在内涵上有怎样的深度和趣味性。根据这一目的，不得不提及的情况是，案例采集中出现的一些极端化样本不仅会为上述"上""下"关系的理解提供特殊信息，而且会帮助我们找到在两者相互作用下可能存在的边界，以明确研究命题的适用范围。例如改造中突破住宅产权而使用公共空间的情况。这里"下"的选择性已经不再受限于"上"的包容度——超越了框架限制而"不同"。又比如，改造仅仅做了功能置换，并没有"下"的实际操作，或者将所有单元全部贯通成为大空间，"下"彻底改变了原有单元预设的基本关系。这

上海住宅商铺实例集锦 1

两者都颠覆了"小异"的界定，就空间差别而言等同于"无异"或"全异"。尽管这些案例也许在外观上改变不大，但对于研究而言却是非常特殊的。简而言之，研究希望借助多种案例中的"参照点"来反思"大同小异"——单元空间模式下的形式多样性，究竟在多大程度上具有自身的完备性，以及与其他空间模式的差别与关联。由此看来，住改空间事实上可能蕴含着诸多错综而奥妙的空间变化。我们甚至可以大胆猜测，如果能够对上面的理解给出有效回应并通过体系化的空间图解呈现出来，那么是否意味着有可能从散乱芜杂的自发行为中总结提炼出某种"系统化"（systematic）的空间模式，并以此解读城市建筑中更为宽广的领域呢？

上海住宅商铺实例集锦 2

上海住宅商铺实例集锦 3

上海住宅商铺实例集锦 4

图43

1.3

上海历史住区
住改商业空间
22 例绘录

22 个样本的选择与绘录

研究案例的选择与绘录

研究案例的建筑本体建造时段主要集中于 20 世纪 20、30 年代和 80、90 年代——虽然两者原本的商业活动确有差别（例如里弄建筑中普遍存在住宅沿街商铺的历史遗留，工人新村中除了"一条街"则相对较少这样的情况），但是大规模出现住改空间（包括原有住改空间的扩充升级）的契机都是改革开放后以后尤其是 20 世纪 90 年代前后。其他时段的住宅因为种种历史原因和法规限制，改造并不常见或者没有形成规模。20 世纪 50 年代到 70 年代的住宅，由于改建拆建基本被 80 年代以后的更新覆盖。2000 年以后新建住宅的底层商铺都是独立设计建造的，将住宅改造成商铺的情况比较少。20 世纪 20、30 年代的案例因为所处城市环境商业化积累以及自身复杂产权的关系，同时在结构（比如容易变更的木结构）和尺度（比如较高的层高）上的特殊性，改造的多样化程度高于后者，在比例上占所有采集案例的 6 成。20 世纪 80、90 年代的案例一方面当时多层住宅本身设计上推行"标准化"，改造在一致性方面比前者更具有代表性，另一方面出现了高层住宅改造的情况，而且在全市范围内都有普遍意义，所以尽管案例比例略少，却是同等重要的部分。另外，两者虽然实际涵盖的历史时段不长，但是类型上从独立式、联立式到多层、高层不一而足，基本能够反映上海城市住宅自发商业化改造的面貌。

案例绘录有两点值得一提。第一，研究着重住改空间的内部组成和变化，不强调建筑形式风格和场所环境特殊性。绘录在概念上将案例从现场环境中"剥离"出来，只要不影响分析，采集素材允许适当拼贴——将多栋住宅中相同户型的改造表达在同一个单体内，甚至合理的借用——保证信息基本对应和准确的情况下使用相近的住宅平面（这种操作也是基于观察对象并不一定有图纸资料以及上海确实存在大量相似住宅户型的现实情况）。第二，"案例10 宅间绿地上的图书馆""案例22 建筑外的临时地摊或搭建"是两个参考案例，代表了两种特殊的改造方式——住宅以外公共空间中的搭建和室外临时空间的使用。虽然前一个并非商业空间案例，但在现实中确有机率存在类似改造方式商用的情况，在其他案例中也有部分反映，比如"案例7 面向公交终点站的零星社区商业""案例19 有沿街户外场地的酒吧"。我们将它们单独区分出来作为某种意义上的研究"边界"。绘录方式上，所有案例都会将改造前后的建筑平面及建筑外观变化作比较，也会描绘改造后商铺空间的具体使用情况。绘录的个案信息称为"样本"。

案例绘录

案例1　开间变化的服装和杂货店

– 20世纪80年代末、90年代初建造的行列式多层住宅，建筑密度适中

– 南向沿住宅区之间的支路，是附近超市商圈的延伸部分

– 户型各自独立，底层花园整体拓建，内部局部改造

– 开间变化遵循原有的尺寸，局部有叠加

– 商业服务主要为服装、各类杂货和房屋中介

– 是上海居住区街道商业的典型样态，廉价、便利、小型而密集

1

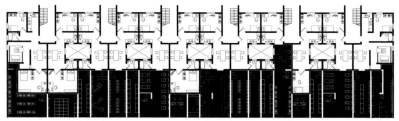

2

3

4

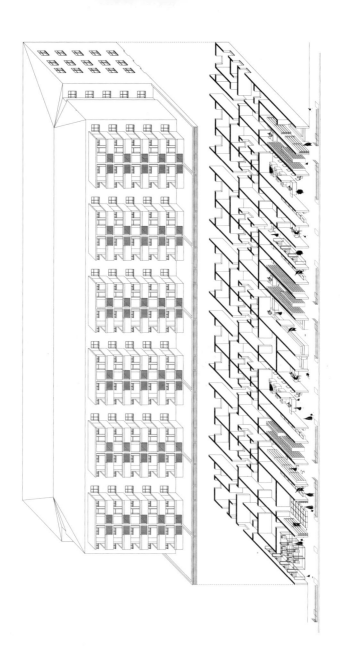

1　改造后轴剖图

- 20 世纪 30 年代建造的单开间和双开间联立别墅，密度适中，为当时中上层社区

- 处于 CBD 边老居住区的内部，住户分原居民和租客两类，商业活动密度并不高，品质仅属中下层

- 因是保护建筑，建筑外观和室内空间变动不大，偶有阁楼加建

- 底层南北侧因沿住宅区内部道路，均有改造，这种形式断续地遍布整个小区

- 商业服务南向以咖啡、酒吧、服装工作室为主，北向为杂货和修理

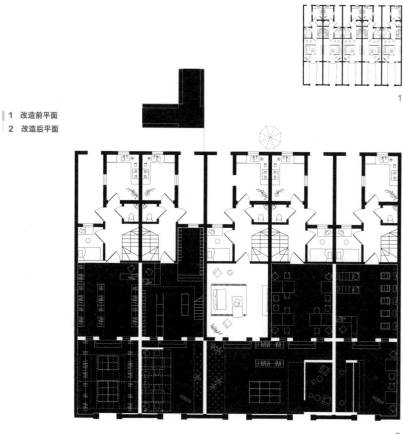

‖ 1　改造前平面
‖ 2　改造后平面

1

2

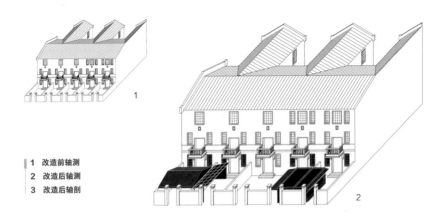

1　改造前轴测
2　改造后轴测
3　改造后轴剖

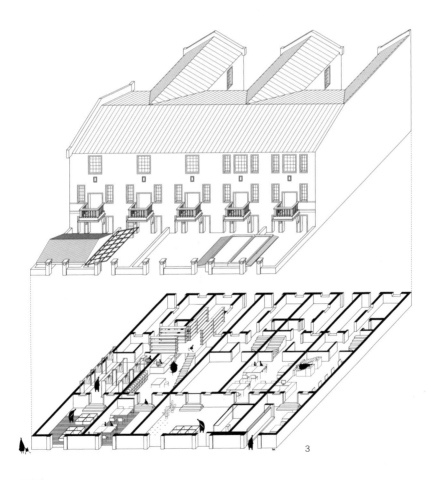

2

3

- 20 世纪 30 年代建造的单开间和双开间联立别墅，密度适中，为当时中上层社区

- 处于 CBD 边缘老居住区的内部，住户分原居民和租客两类，商业活动密度并不高，品质仅属中下层

- 因是保护建筑，建筑外观和室内空间变动不大，偶有阁楼加建

- 底层南北侧因沿住宅区内部道路，均有改造，这种形式断续地遍布整个小区

- 商业服务南向以咖啡、酒吧、服装工作室为主，北向为杂货和修理

1　改造前平面
2　改造后平面

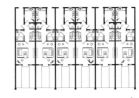

1

2

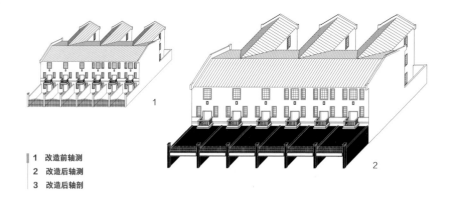

1 改造前轴测
2 改造后轴测
3 改造后轴剖

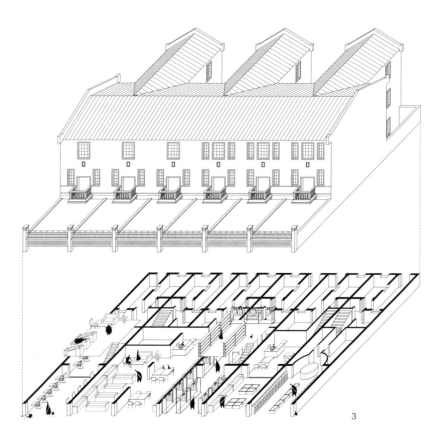

3

- 20 世纪 30 年代建造的单开间和双开间联立别墅，密度适中，为当时中上层社区

- 处于 CBD 边老居住区的内部，住户分原居民和租客两类，商业活动密度并不高，品质仅属中下层

- 因是保护建筑，建筑外观和室内空间变动不大，偶有阁楼加建

- 底层南北侧因沿住宅区内部道路，均有改造，这种形式断续的遍布整个小区

- 商业服务南向以咖啡、酒吧、服装工作室为主，北向为杂货和修理

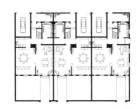

1 改造前平面
2 改造后平面

1

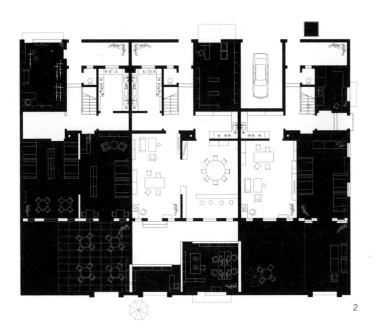

2

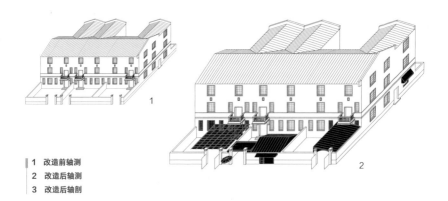

1　改造前轴测
2　改造后轴测
3　改造后轴剖

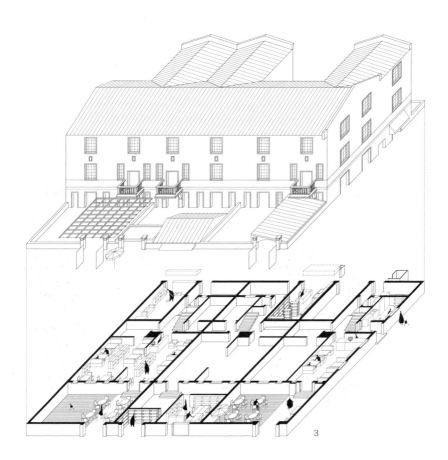

- 20 世纪 30 年代建造的单开间和双开间行列式联立别墅

- 南向沿闹市区支路,是附近城市 CBD 商圈的延伸部分

- 建筑底层改动较大,底层花园整体拓建,建筑外观有一定破坏

- 户型内部有阁楼加建,户型之间有合并和拆分

- 商业服务主要为古玩、美发、服装饰品和便利店

- 门店装饰品质有一定差别,但都不能算高级,人气一般

1　改造前平面
2　改造后平面

1

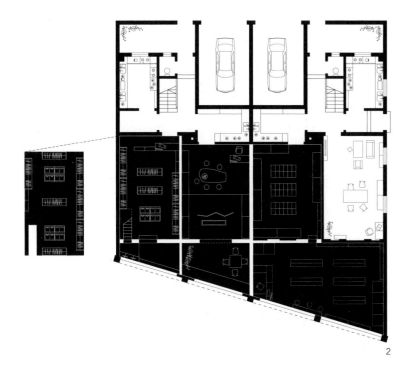

2

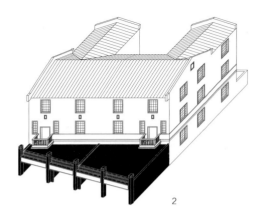

1 改造前轴测
2 改造后轴测
3 改造后轴剖

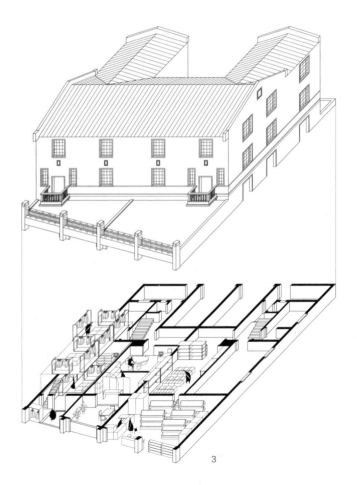

3

- 20 世纪 30 年代建造的联立别墅，密度偏高，环境一般

- 北向沿特色商业街，业态复杂，本案属相对安静的路段，周边为西餐馆和酒吧

- 山墙面一户 4 层全部改作商业用途，合并隔壁一户的首层，为同一业主

- 一层小花园整体拓建，二层阳台封闭为室内，屋顶加建阳台，外观改动较大

- 山墙面增加入口，保证各商铺出入分离

- 首层为服装工作室，二层以上为健身瑜伽，品质上乘

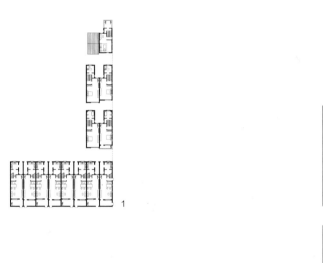

1

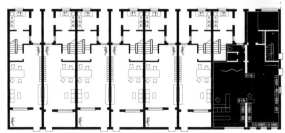

2

1　改造前平面
2　改造后平面

1

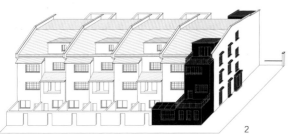

2

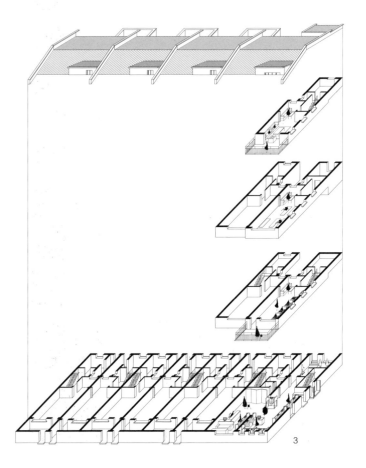

3

- 20 世纪 80 年代末、90 年代初建造的行列式多层住宅

- 山墙面沿街有公交终点站，商业活动相对周边有所减弱

- 户型内部改动较小，底层花园局部拓建，两栋之间有加建

- 商业服务主要为足部保健和服装

- 装饰并不精心，消费水平偏低，以中老年居民为主要对象

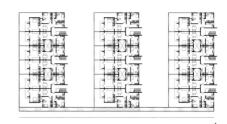

1　改造前平面
2　改造后平面

1

2

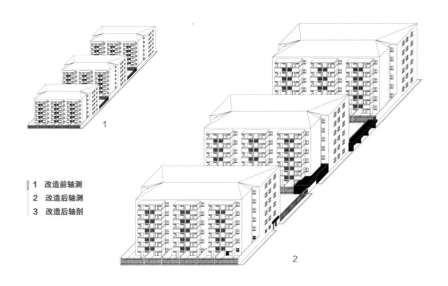

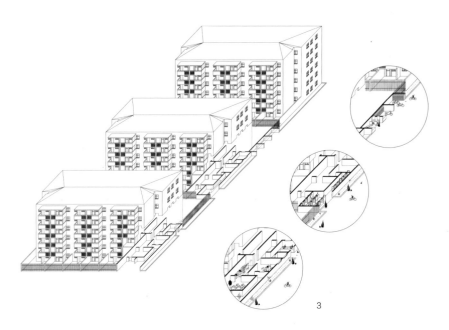

- 20 世纪 80 年代建造的不设商业裙房的大体量行列式高层住宅

- 位于城市大型居住区内部，南向沿街有小广场

- 底层向外整体拓建，增加台阶弥补高差

- 原有开间尺度不变，依靠户型间合并形成多样组合

- 商业功能主要为服装、美发、干洗、房产中介

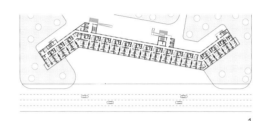

1

2

1　改造前平面
2　改造后平面
3　改造前轴测
4　改造后轴测

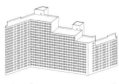

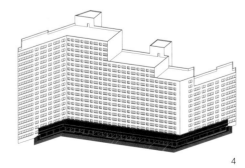

3

4

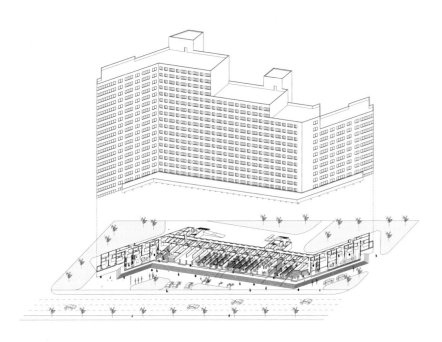

1

1 改造后轴剖图

- 20 世纪 20 年代建造的单\双开间联立别墅,密度偏高,间距过近,社区品质不高

- 东西向布置于旅游点内部,几乎全部改造,居住功能保留的比例很少

- 户内垂直交通和原有楼层位置有改动,户型之间有合并

- 原有庭院整体拓建,形式不一,东西立面均设商业门面,以原有庭院一侧为主

- 底层商户外有临时布置的摊位和营业区占据街道

- 商业服务种类丰富,服装、纪念品、古董、甜点、咖啡、酒吧和餐厅等

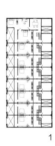

1　改造前平面
2　改造后平面

1

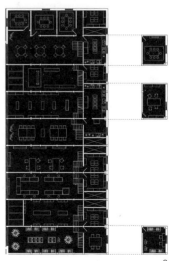

2

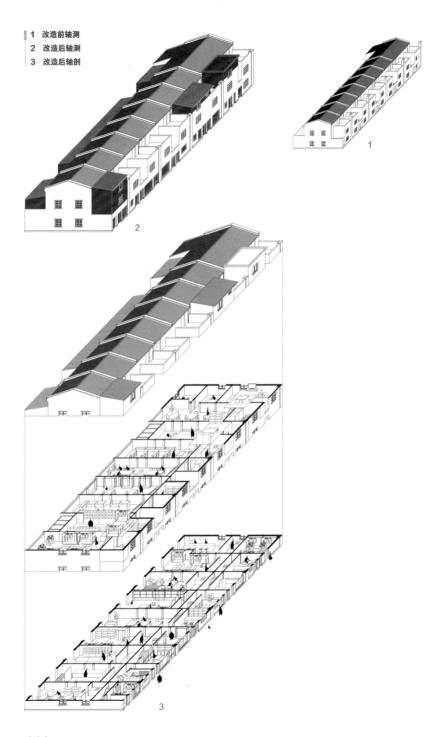

1 改造前轴测
2 改造后轴测
3 改造后轴剖

1

2

3

- 20 世纪 80 年代建造的一梯两户点式多层住宅

- 在住区内的绿地上新建构筑物，并连接相邻住宅底层的两个户型，产权属社区居委会

- 住宅部分的改造不大，原有建筑尺度不变，门前做了绿化和停车

- 新建部分为社区图书馆阅览室，住宅改造部分为书库和办公室

1　改造前平面
2　改造后平面

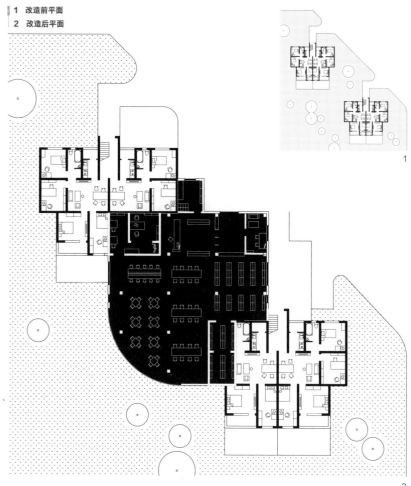

1

2

1 改造前轴测
2 改造后轴测
3 改造后轴剖

1

2

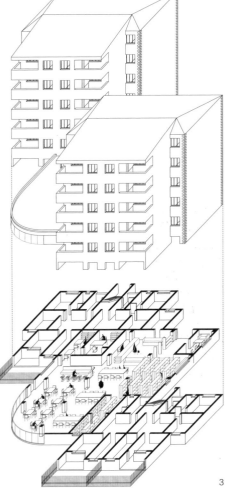

3

- 20 世纪 80 年代建造的不设底层商业的小高层住宅

- 位于城市 CBD 边，与几个高级商业中心隔街相对

- 山墙面破墙开店，底层打通几个户型形成大空间，隔墙自由

- 商业服务为美发和便利店

1　改造前平面
2　改造后平面
3　改造前轴测
4　改造后轴测

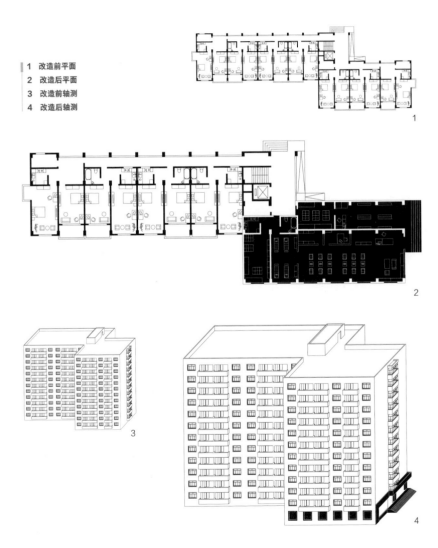

1

2

3

4

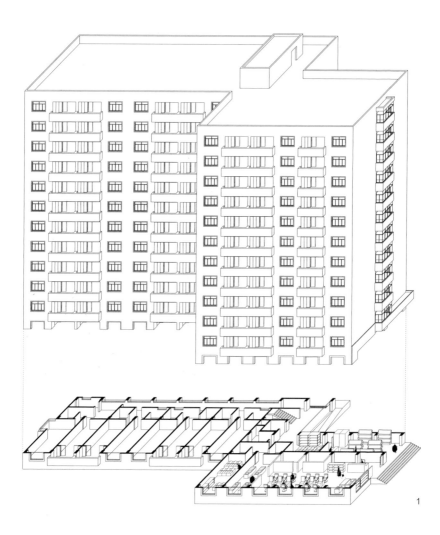

1 改造后轴剖图

案例 12　带室外楼梯的花园商铺

- 20 世纪 30 年代建造的带大进深花园的公寓，周边街区当时为中上层居住区，呈低层高密度形态
- 南向沿城市商业中心支路，为小型特色商业街道
- 店面装饰较周边商业属中游，并不精心
- 单元间保持各自独立，户型内部改动不大，花园内几乎无新搭建构筑物
- 一二层均有商铺，正面加建楼梯和二层平台，无商业面积增加
- 商业服务全部为服装饰品，以有较强消费能力的时尚人群为主要对象

1　改造前平面
2　改造后平面
3　改造前轴测
4　改造后轴测

1

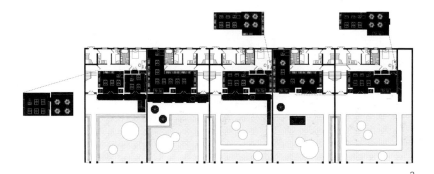

2

3

4

061

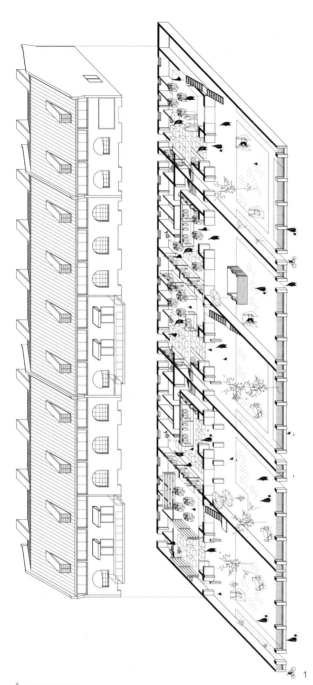

1 改造后轴剖图

- 20 世纪 80 年代末建造的行列式小高层住宅，居住密度较高

- 南向沿单行道，是附近大学商业街的延伸段的终点

- 原有户型空间没有改动，花园整体小幅拓建

- 户型使用有叠加，门前的步道通过绿化与人行道分隔，空间感受独立

- 商业全部为服装，业态单一而集中，相对周边而言比较少见

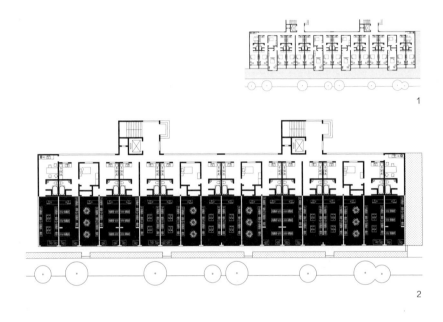

1

2

 1　改造前平面
2　改造后平面
3　改造前轴测
4　改造后轴测

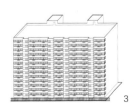

3

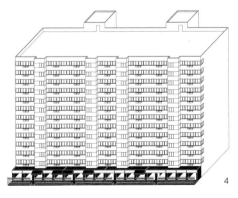

4

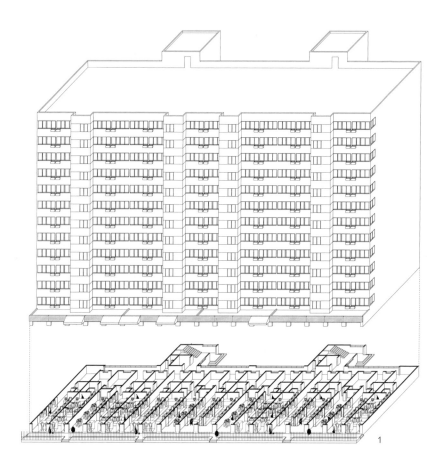

1 改造后轴剖图

- 20 世纪 30 年代建造的东西朝向带底层商铺的公寓

- 靠近城市商业中心，附近为特色商业街道，以知名饭店和酒吧积聚人气

- 各户型保持独立，首层内部有下沉空间和增设阁楼

- 商业服务为餐厅、甜品和美发

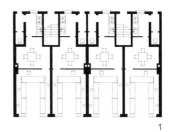

1

2

1　改造前平面
2　改造后平面

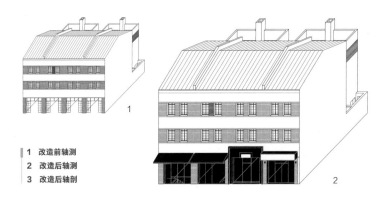

1　改造前轴测
2　改造后轴测
3　改造后轴剖

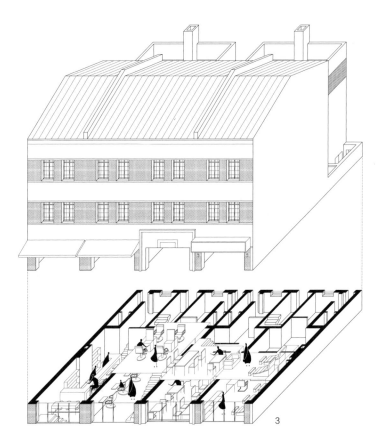

– 21 世纪初建造的行列式多层公寓，居住密度尚可

– 与商业旅游点一巷之隔，仅山墙面一户改造为商铺

– 一户分解为多个商铺，有各自独立对外入口

– 底层花园和山墙面新建构筑物，方式相对随意

– 商业服务为纪念品和服装饰品，品质不高，以旅游人群为主要对象

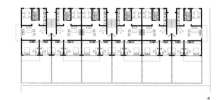

1 改造前平面
2 改造后平面
3 改造前轴测
4 改造后轴测

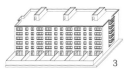

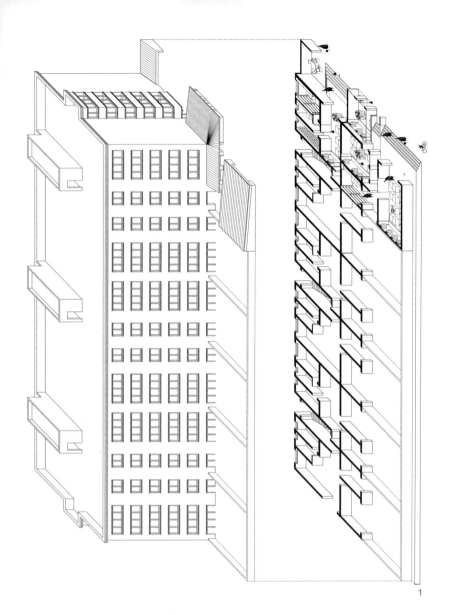

1 改造后轴剖图

- 20 世纪初建造的江南传统三合院住宅，居民属中下阶层

- 建筑破旧，沿市中心老旧居住区道路，紧邻高级住宅区

- 过街楼两侧和直接面对三合院的房间改作商业，门面隐秘

- 房间格局除局部有隔墙的变动，其他基本不变

- 商业服务主要为服装工作室和美容，品质普通但高于周边环境

1

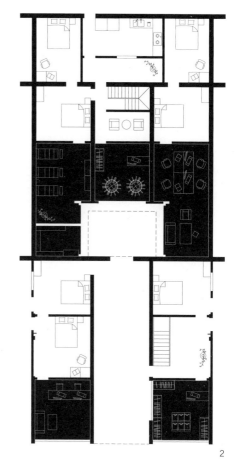

2

1 改造前平面
2 改造后平面

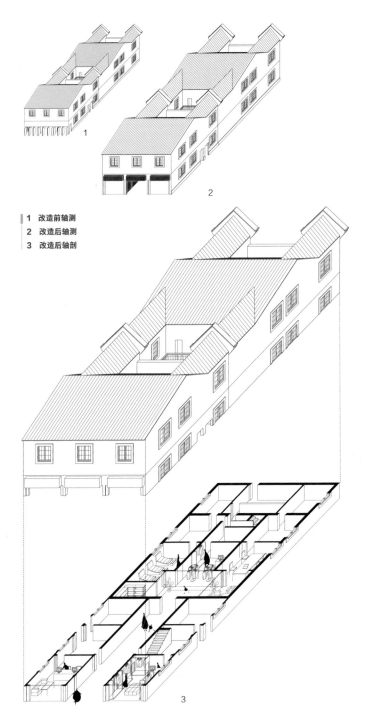

1 改造前轴测
2 改造后轴测
3 改造后轴剖

1

2

3

- 20 世纪初建造的江南传统三合院住宅，密度偏高环境较差，沿市中心老旧居住区道路
- 目前为美食街，人流量大，几乎全部改造，居住功能保留的比例很少
- 保持各单元独立，开间不变，但商户分解方式多样
- 单元内垂直交通和原有楼层位置有改动，有阁楼加建
- 底层商户外有临时布置的摊位和营业区
- 商业服务全部为餐厅，改造追求面积品质不高

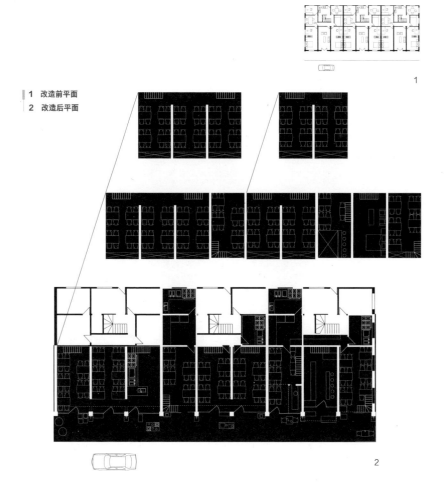

1　改造前平面
2　改造后平面

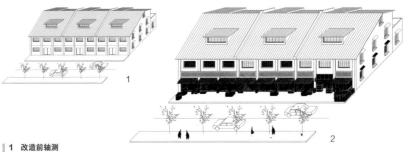

1 改造前轴测
2 改造后轴测
3 改造后轴剖

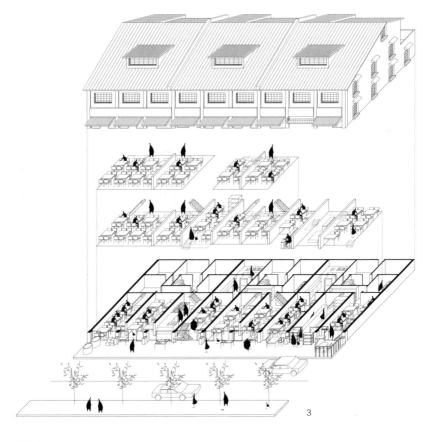

3

- 20 世纪 30 年代后期建造的带小花园的联立别墅，当时为高级住宅区，社区品质较好

- 南向沿特色商业街道，因为规模不大，环境整体仍属幽静

- 属保护建筑，户型内部和建筑外观改动不大

- 花园大小不等，空间有合并，使用方式不一

- 局部单元各层均有商铺，需从住区内部进入

- 沿街的商业服务为服装、书店和房屋中介，二层以上为美发，品质中上

1　改造前平面
2　改造后平面
3　改造前轴测
4　改造后轴测

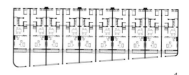

1

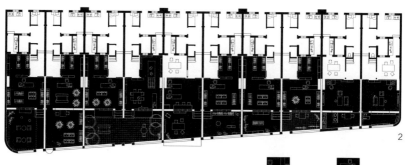

2

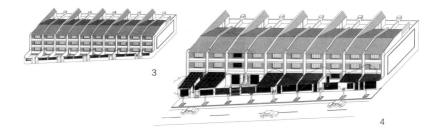

3

4

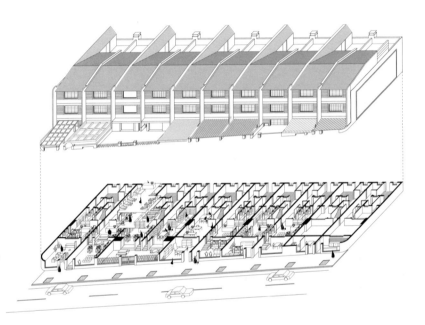

1

1　改造后轴剖图

– 20 世纪 30 年代建造的行列式联立别墅

– 紧邻星级酒店和商务楼，处于城市级商业中心和自发形成的特色商业街之间的边界地区

– 山墙面户型进深很小，外侧有宽阔的人行道，改造向外扩充了户外场地，局部山墙面有改动

– 远离街道的改造将两个相邻户型的底层打通，庭院局部搭建，功能为工作餐厅

– 沿街的商业服务为酒吧、服装，品质不高，主要针对晚上和节假日消费

1　改造前平面
2　改造后平面

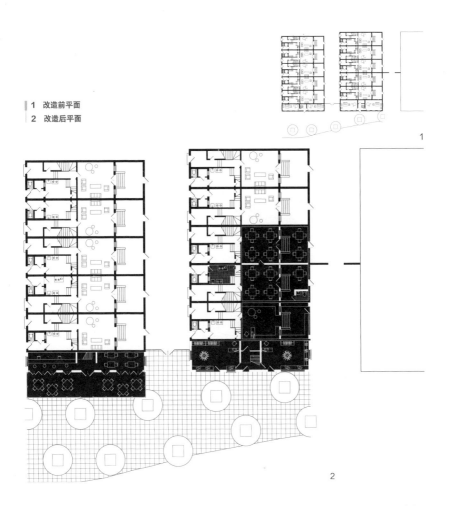

1

2

131

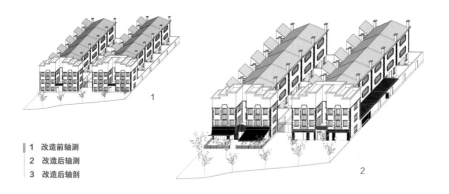

1 改造前轴测
2 改造后轴测
3 改造后轴剖

1

2

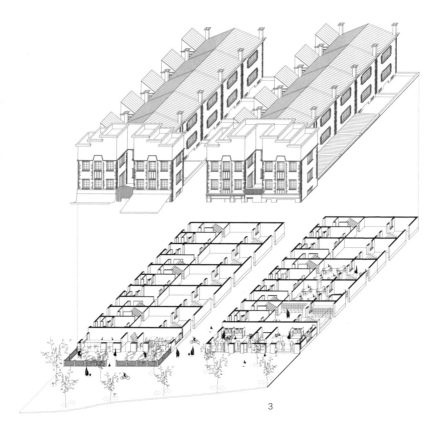

3

- 20 世纪 80 年代建造的带商业裙房的高层住宅，北邻高架路和城市干道，建筑占据一个小街区的宽度

- 高架路另一侧为 CBD 的高层办公区，路南侧是知名饮食服务街区和开发不完全的城市老居住区

- 以原有建筑为基础增建隔墙，增加商业服务容量

- 对原住宅部分使用流线有改动，裙房二层局部使用不明

- 商业功能沿干道侧为药店、酒类专卖、快餐，沿两侧支路部分为廉价旅馆、棋牌室和足部保健

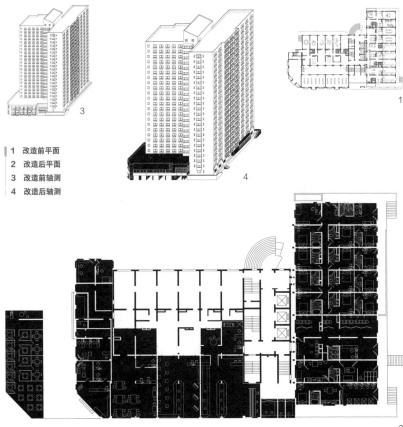

1 改造前平面
2 改造后平面
3 改造前轴测
4 改造后轴测

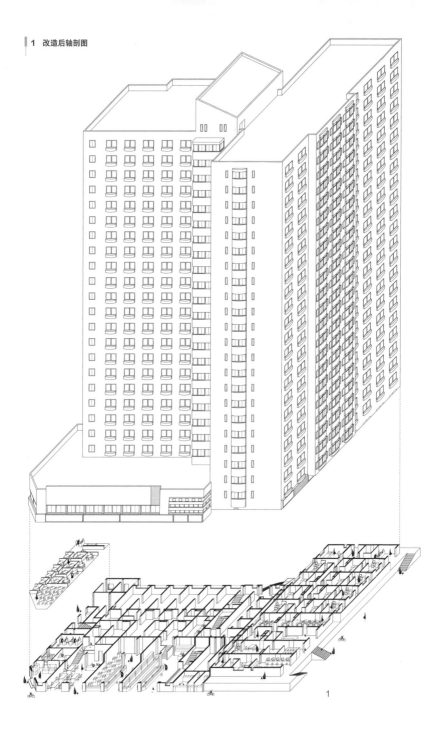

1

- 20 世纪 30 年代建造的双拼别墅，属低密度高级住宅区

- 别墅区整体商业改造，本建筑分解成多个商业功能

- 北面沿街有拓建，首层内部改动较大，南立面基本不动

- 原垂直流线有改动，商铺有各自独立对外入口

- 沿街的商业为服装，二楼以上为瑜伽、健身、SPA，装饰精心，品质较高，
  为高消费区

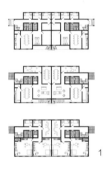

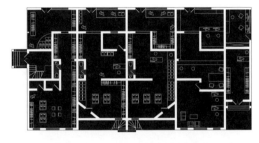

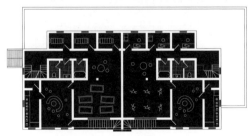

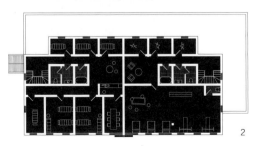

1　改造前平面
2　改造后平面

1 改造前轴测
2 改造后轴测
3 改造后轴剖

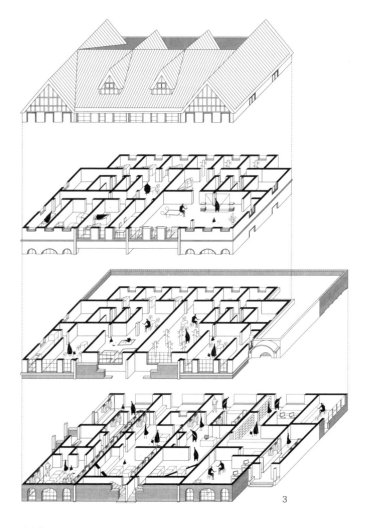

3

- 20 世纪早期建造的单开间住宅，沿市中心老旧居住区道路，紧邻高价住宅区和娱乐区

- 住宅部分几乎保持不变，底层少量空间功能置换

- 室内部分多为操作区和准备区，户外营业区占据街道

- 根据时间段，营业的区域和方式有变化，有外来临时商业

- 商业服务主要是点心、快餐、软饮，晚上设夜市，变动性很大

‖ 1　临时搭建后平面

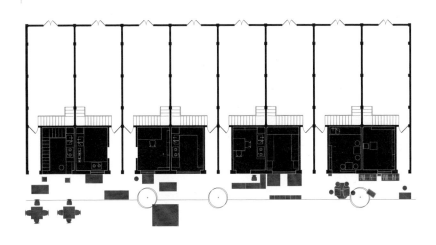

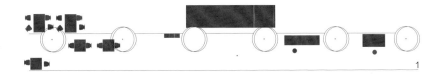

1

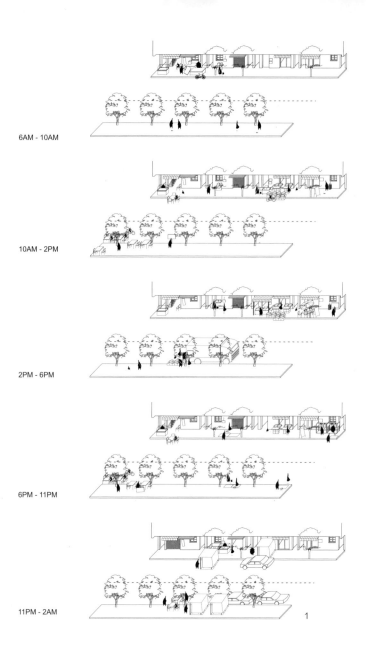

6AM - 10AM

10AM - 2PM

2PM - 6PM

6PM - 11PM

11PM - 2AM

1

｜1 分时段空间利用情况轴测

1 改造前轴测
2 改造后轴测
3 改造后轴剖

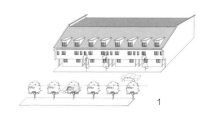

1

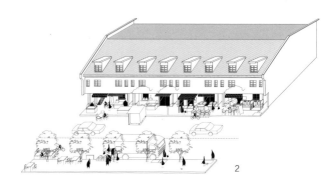

2

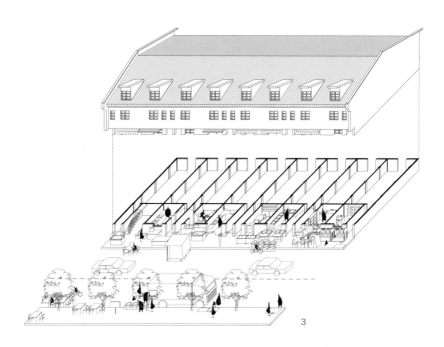

3

实景照片

商业环境照片若干

Case 2 现场照片

Case 3 现场照片

Case 4 现场照片

Case 5　现场照片

Case 8　现场照片

Case 11　现场照片

Case 14 现场照片

Case 18 现场照片

案例合成景观
与类型模型

拼贴
——案例拼合成的街道景观

编序和名称只是便于区别案例间的情状，上海住改空间并没有因个体化操作而具有独立的形式特征，相反给人以清晰而强烈的群体印象。事实上，个案做法鲜有能称为"饱满""完善"的感觉（基于研究范围界定，确实也很难出现），倒是它们堆叠粘连在一起时，才有一个发展比较成熟或者在城市中有种特别"力量"的意味。正如案例本身反映的那样，绝大多数案例是基于原有建筑发展而来，并通常仅在局部发生——比如建筑底层，对原有建筑有很强的依赖性。它们其实离一般意义上的建筑改造也尚有一定距离，称之为局部装修更贴切。它们在城市中现身的方式，主要是和原有建筑的形式及布局等前提因素有关。正因为诸如里弄、工人新村甚至公寓大楼在规划设计上的相似性，改造空间借助原有建筑呈现出"景观"上的关联度也就非常自然了。另外，住改空间在上海相当普遍，既有常见的因商业活动聚集效应而产生的集中情况，也有到处开花、连绵不绝的均质化特征，有点类似雨中水面涟漪交错所给出的画面图示。集群效应而不是个体差别，才是上海住改空间形态特征的主要方面。所以将个案重新合成为一个集体形象是必要的。

把 22 个案例拼贴成城市街区景观的意向图示，将它们串联并回到一个相对具体的城市尺度与环境，改造前后的城市场景也很方便作一对比。改造前原有建筑的形式特征和组合成的城市肌理，以及改造在这一基础上形成影响的方式和效果非常清楚地呈现出来。轴剖图展示了这些住改空间如何转变和联结，并在城市层面发生作用，组织引导的日常邻里商业活动一目了然。值得一提的是，虽然基于真实案例的拼贴，但效果上这是从现实中抽离出来的图景，有种不太真实却又不可否认其存在的直观感受。相比城市场景照片，案例的拼贴景观将现实环境中的繁琐信息和每个案例的无关部分过滤掉了。我们借此希望在初步的案例采集之后就能够给出关于住改空间以及由它们交织而成的城市特征，一个比较完整和准确的记录。

第一组　图1

改造前街道全景轴测

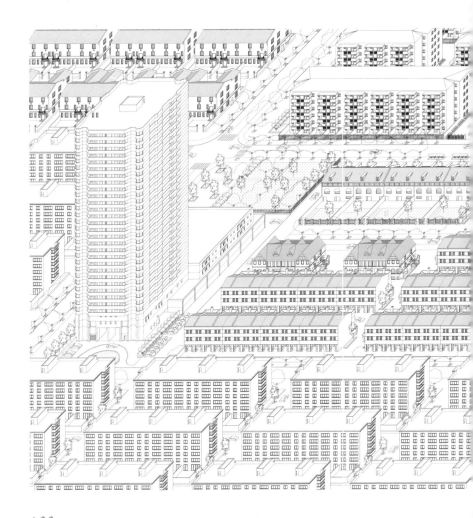

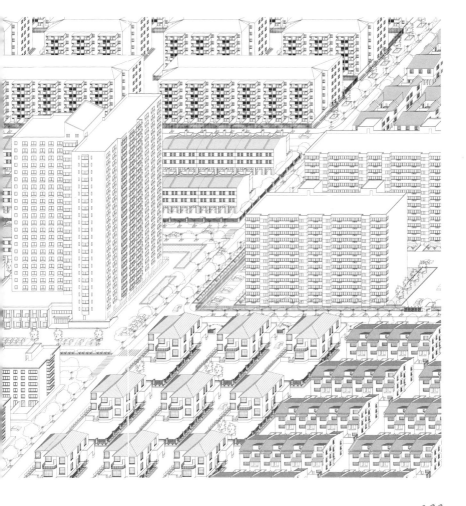

第一组　图 2
改造后街道全景轴测

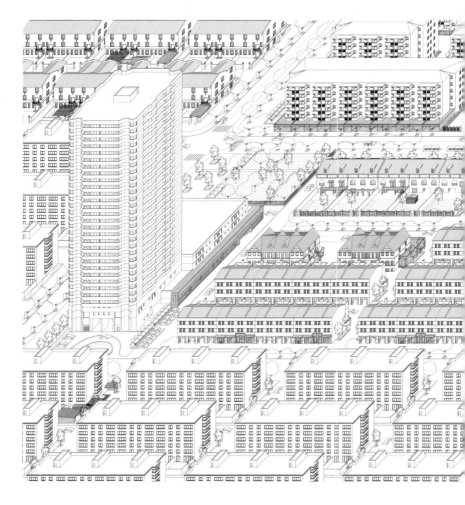

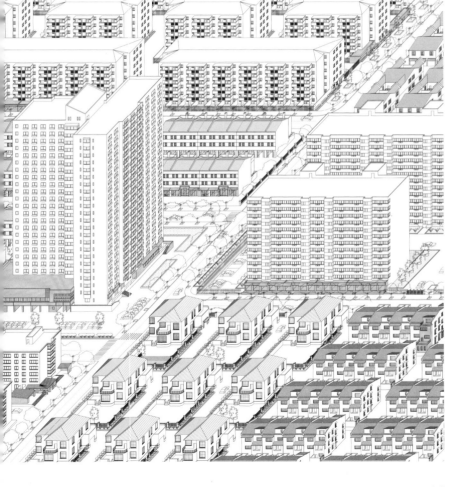

第一组　图3
改造后街道住改空间一览轴剖测

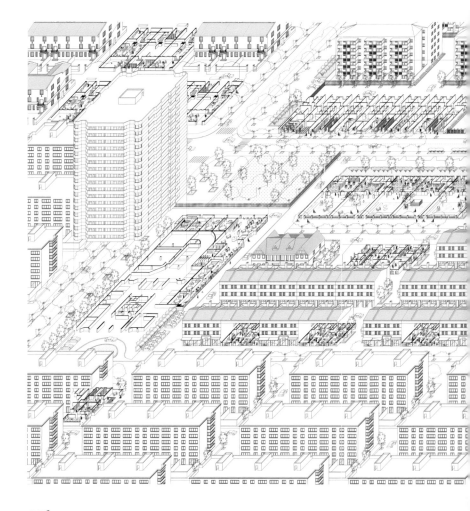

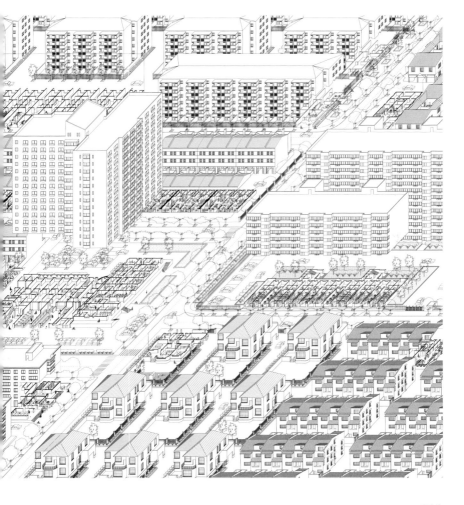

第二组 图1

改造前街道全景轴测

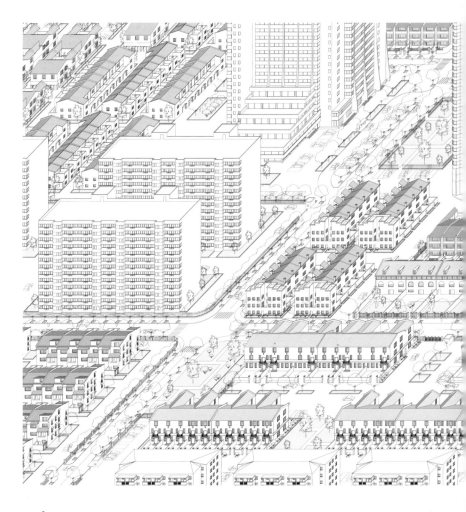

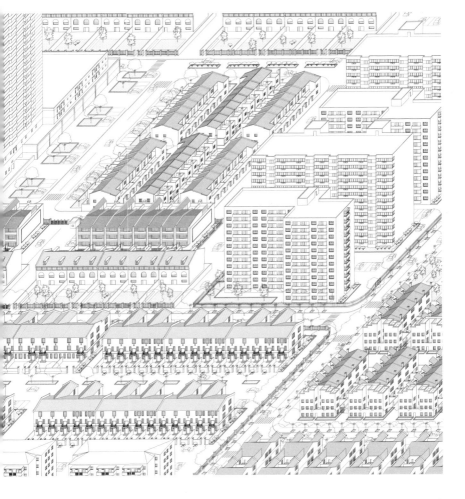

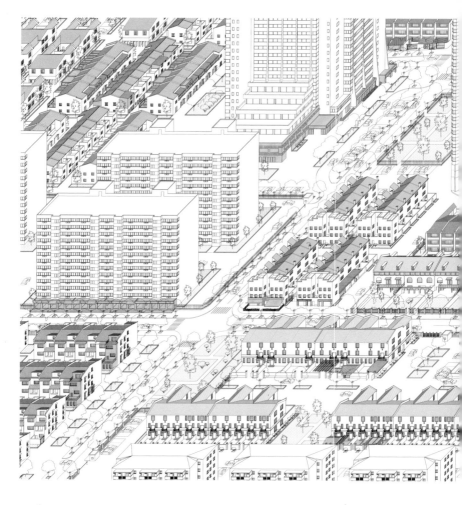

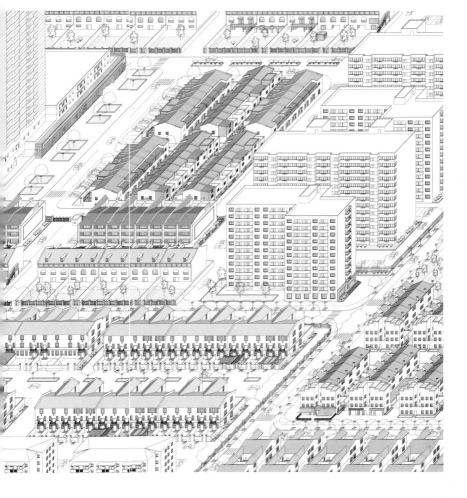

第二组　图 3
改造后街道住改空间一览轴剖测

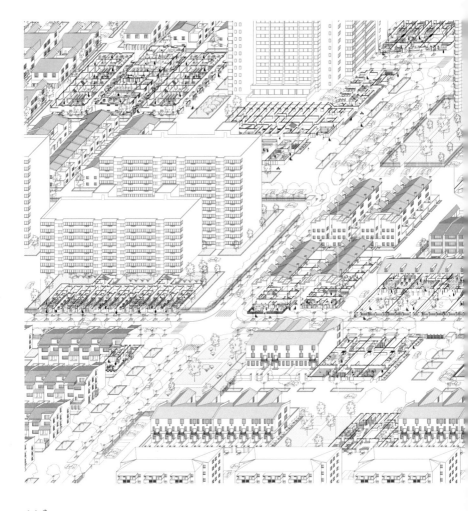

类型研究模型

注：

这个模型在案例合成景观的整体"印象"这个层面继续往下走了一步，尝试以更加简单明了的方式诠释研究的核心——"单元条件的包容度"和"单元空间的操作选择性"这组关系。我们在绘录拼贴的基础上作了三个方面的升级：第一，模型中所使用的案例信息是"样本"整理的某些初期结果。研究需要清楚地观察案例空间运作的主要逻辑，有必要将相应单元以及与之相关的改造部分区分强化出来；第二，研究应该淡化不同案例之间平面轮廓的差异。我们对案例平面做了裁切和局部重组，让它们看上去相对规整；第三，也是最为重要的，个案之间所使用的开间和进深模数有微小不同，造成了理解和分析始终难以摆脱"具体使用尺度"这个细节困境，尤其从整体而非个体的角度去观察这些样本。所以我们将案例统一在一个基本模数的网格体系之中，开间和进深也作了适当的调整。三个方面的操作令案例之间的"抽象"共性凸现出来。

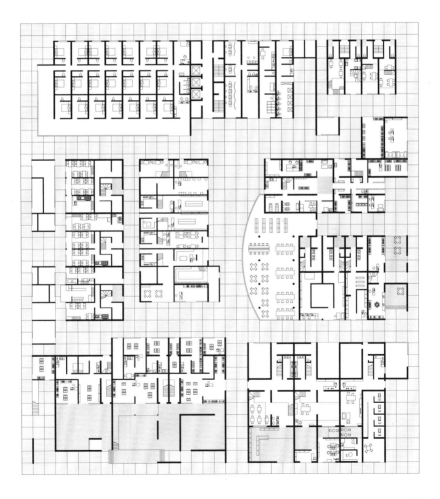

案例分析 20 例
与类型图

数据库

——案例的拆解与简化分析

分析部分主要是将各住改空间案例的诸般条件、操作因素等作拆解说明。分析方式有以下三方面考量：第一，要保证案例间元素的共通性又便于相互比较。从个案中抽取的元素需要有一些必要的统筹，比如过滤掉（1）过于个案化的因素，即特殊细节成分，如店铺的具体布局或功能用途造成的差异。但比如案例中有"下沉"的细节特征，虽然只涉及一个案例，其指向却有普遍性。这种信息就需要保留。（2）过于广泛性的因素，或者几乎是不言自明的属性，如"常规尺度空间"；第二，分解出的元素应具有一定指向性，能够反映案例间差异——即便这种差异不是一种严格数学上的等级关系，起码对说明某些案例比另一些案例复杂或者多样的原因有帮助；第三，

要保证这一部分"数据库"的完整性和可操作性。元素抽取的类型应有一定的结构组织，需要回应研究主题——"上"和"下"不同机制之间的关系。综合以上考虑，我们将元素集中在下列基本考察对象上。

1）案例的先天条件

A 空间条件及限制，包括三个方面

a 水平方向的弹性，即结构上的限制和弹性；

b 垂直方向的弹性，主要是层高所带来的限制和弹性；

c 在其建筑范围内的向室外扩展的弹性，如带有院落，则是院落带来的弹性。

B 单元变化——单元重组提供的改造可能性，包括四个方面：

a 单元内部的拆分；

b 相邻单元之间（无论水平还是垂直方向）的合并重组；

c 单元之外且在建筑以内，与单元关联的变化；

d 单元之外且在建筑以外的变化。

2）对应的改造情况，即其在以上限制中所采用的改造方式。

3）改造导致建筑基本要素的变化和差异。这里抽取的要素必须涉及"上""下"不同机制之间的关系（这一部分不详细展开呈现）。

20 个案例在这些考察对象上展开对改造前后的空间变化或差异的分析——案例 10、案例 22 作为参考案例不在分析的基本框架内展开。我们在案例解读过程中发现，因为改造属于个体自发行为，在一切从功能实用出发的原则下有相当的随意性和临时性，案例之间也存在改造程度（或者密度）的差别。空间所发生的变化也就存在"效果显著"与否的问题。简单地说，就是某些案例比较容易看明白，而另一些则比较难一眼即明。事实上，采集案例大多数都没有达到某种所谓的"改造极限"——即某种操作方式的最大化使用。当然，这仅是

从空间复杂性以及改造意图更清楚传达的角度而言，实际使用是根据店铺功能需要而定，确实不必到处都改。这种尚未达到空间改造极限的情况是正常且典型的。但是研究需要将这些案例中所包含的变化（而不是案例内容本身）逻辑比较清楚地展现出来，尤其是那些改造效果并不明显或者不甚明确的案例。所以，研究尝试以一些"发展可能"去培育某些样态来强化分析。这些所谓的"可能"还是属于改造后的信息范畴，并非是探索其他改造做法。因为需要比较具象的说明在哪个方面对已经发生的改造做了进一步拓展，在这个环节中补充了延伸发展样态的展示。根据这样的理解，案例按可发展与否分为三类：第一类，案例的改造已经基本上达到自身做法的极限，并不需要再通过"发展"去增加现象信息的密度。例如"案例 19 功能细分尺度缩小的高层裙房商业"，通过内部空间尺度细化去增加使用功能的种类和密度，在效果上已经非常充分能够说明这种操作的影响。但此类没必要再做发展的案例数量非常少。第二类案例改造逻辑比较单一，但是效果上并不很直观，需要将它们在高

强度情况下的形式影响提示出来。例如"案例 13 下沉餐厅和阁楼甜品店"，目前改造一方面通过调整楼面层高（比如首层地面下沉）或者增加阁楼来改变空间尺度，另一方面增设的楼梯也带来了新的内部流线。但是调整层高和增加阁楼没有在同一个空间单元出现，因此现象强度淡化了许多。那么会很自然地想到在满足基本使用的前提下，如果让两者一同发生作用，空间的复杂度和流线的可能性会更多，是值得稍作发展的情况。此类在一个主题上有发展需要的案例占案例数的一半以上。第三类，案例中有多种改造做法的混合，且几种做法的效果均不甚完整直观，需要将不同的改造逻辑分离出来单独作发展整理。例如"案例 1 开间变化的服装和杂货店"，改造主要通过设置垂直于街道的纵向墙体来划分和区别不同商铺的开间大小，又通过设置平行于街道的横向墙体来调整商铺内部的进深和功能分区。案例中纵向墙体处理的效果虽然好于横向墙，但是因为商铺雷同的关系，一方面尺度比较均一没有拉开差别，另一方面有现象不甚密集和连贯的感觉。横向墙体的使用明显没有培育起来，以致很难意识到它在空间层次丰富度上的价值。所以有必要让这两个方面单独发展，以彰显各自对于空间不同的影响。此类需要在多主题上发展的案例也有数个。我们将 20 个案例"样本"拆解成分门类的碎片信息，并称之为"数据库"。

注：
案例分析图纸从左到右，依次为原始空间要素、更新操作、改造逻辑的发展（部分案例没有）。

改造主要利用单元式公寓户型的面宽进行，所有商铺沿街使得入口动线简单，结构原因空间基本状态的限制大，内部改动余地比较小，只能通过增减及调整墙体，来拆分出更小尺度的空间并以此进行组合，同时细化功能内部构成。改造逻辑的发展可能从两个角度进行延伸：（1）依靠纵墙的增加形成多样的尺度；（2）依靠横墙的增减形成多样的尺度。

案例 2　花园改造多样的历史建筑（住区内部）——样本 1

改造主要利用单元式公寓户型的面宽进行，所有商铺沿街使得入口动线简单，结构原因空间基本状态的限制大，内部改动余地比较小，只能通过增减及调整墙体，来拆分出更小尺度的空间并以此进行组合，同时细化功能内部构成。改造逻辑的发展可能从两个角度进行了延伸：（1）依靠纵墙的增加形成多样的尺度；（2）依靠横墙的增减形成多样的尺度。

案例 3　底层改造多样的历史建筑——样本 1

原底层住宅的客厅和庭院合并，形成开间较大、层高较高的空间。改造以此为
基础针对不同功能需求再作细分，最终在开间相同的情况下产生出使用尺度上
的多变特征。改造逻辑的发展可能对基于不同使用序列和形式要求下的功能空
间组合方式做了整理和展开。

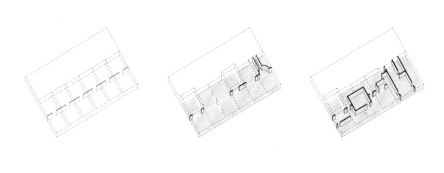

案例 4　花园改造多样的历史建筑（住区内部）——样本 2

得益于出入口较多，虽然建筑主体改造受到限制，但仍然可以通过对每一户房
间的合理拆分获得比较多样的商铺——例如局部使用的多种情况。双开间的庭
院较大，改造弹性相对自由，是改造的主要载体。做法上出现了不同的空间限
定方式和面积拆分组合，选择较之 CASE.02 案例更为多样。改造逻辑的发展
可能对院落与室内空间的连接方式做了更多可能的尝试。

案例 5　底层改造多样的历史建筑——样本 2

改造主要利用单元式公寓户型的面宽进行，所有商铺沿街使得入口动线简单，结构原因空间基本状态的限制大，内部改动余地比较小，只能通过增减及调整墙体，来拆分出更小尺度的空间并以此进行组合，同时细化功能内部构成。改造逻辑的发展可能从两个角度进行了延伸：（1）依靠纵墙的增加形成多样的尺度；（2）依靠横墙的增减形成多样的尺度。

案例 6　仅一个单元改造的联立式别墅

除了合并另外一户的局部底层空间外，对原有一户内的改造已属情况复杂。使用了原有各楼层并保留复杂动线；出入口方式做了调整；局部突破结构限制进行空间连接；庭院、阳台和屋顶各楼均有搭建。改造完整度较高。

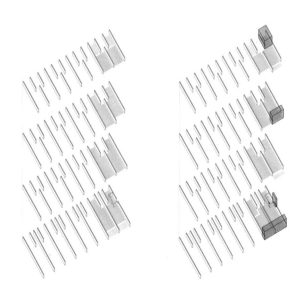

山墙面沿街改造的三种情况:原有住宅单元改窗为门,新增入口;住宅庭院加建;以住宅间围墙为基础的搭建。尺度不大,入口动线简单。改造逻辑的发展可能从继续增加店铺角度作了两种尝试:(1)增开对外入口,单户拆分成多个商户;(2)搭建外部楼梯使用二层。

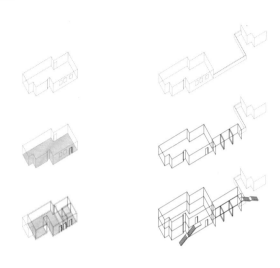

结构原因建筑主体改造限制较大,只能在底层外部作拓展,为单户拆解以及合并组合且形成尺度差别创造条件。加建的走道成为室外和商户之间的缓冲空间。改造逻辑的发展可能对这两点在外部拓展范围更大情况下的样态作了补充:(1)以单元为基础组合更为复杂的商铺形式;(2)配合不同商户的外部台阶、平台及通道。

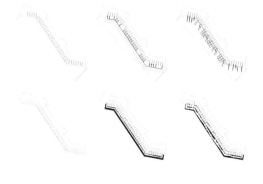

改造虽然以住户单元为基础进行，但建筑样态上已接近整体开发范畴。原建筑的空间尺度就比较复杂，改造以在屋顶和晒台进行加建来拓展使用面积，并且为加建多层补充相应的楼梯，进一步增加了多样性。改造逻辑的发展可能在加建以及垂直空间连接方面做了强化展示。

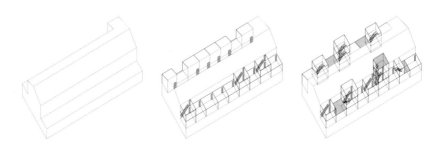

框架结构允许的改造弹性较大，改造拆除了数个单元间的隔墙，形成了一个完整的大空间。改造逻辑的发展可能基于整体利用形成自由的空间划分和人流动线的考虑，展示了其中较为极端的情况。

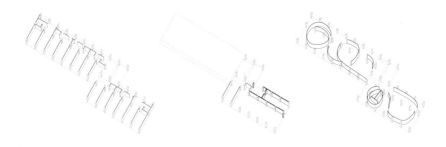

案例 11　带室外楼梯的花园商铺

庭院面积充裕获得较大改造余地，一是出现了独立的搭建物，二是形成多样的入户路径。室内改动不大。改造逻辑的发展可能从两个角度对庭院利用进行了深入：（1）不同的小型搭建丰富附属功能；（2）配合多种使用方式在庭院中形成复杂的长流线。

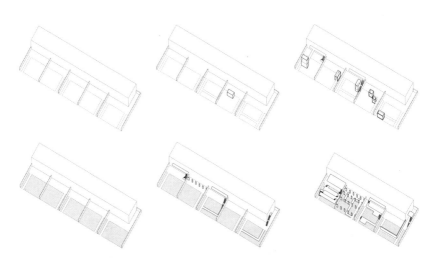

案例 12　开间单一的服装店

受制于结构原因以及外部绿化边界的限制，几乎没有实际的改造发生，商铺沿街动线也很简单。改造逻辑的发展可能对外部绿化范围可拓展改造的情况作了讨论。

出现了少见的下沉做法，以及因为建筑层高较高也有增加阁楼的做法，垂直空间的拓展成为改造的重点。改造逻辑的发展可能展示了几种不同的垂直空间组合样态。

属于一户整体改造——不再保留居住功能。不过限于结构的原因，室内部分主要是不同商户的拆分和功能置换。庭院中的搭建与室内空间向外拓展形成比较丰富的空间关系。山墙面外有依附型的小加建。改造逻辑的发展可能对商铺继续向相邻住户延伸的情况作了讨论。

因为场所位置和建筑类型的关系,原本的人流动线就比较特殊,受到这种引导的影响,改造虽然只是空间局部使用和拆分,但是也显得比较复杂。**改造逻辑的发展可能对这种情况作了补充和拓展。**

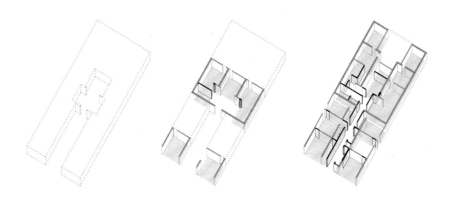

案例 16　阁楼和垂直交通复杂的美食街

通过降低层高将原有两层改造为三层,增加使用面积,产生尺度低矮的空间,并且垂直交通作相应调整,动线比较复杂。改造完整度较高。

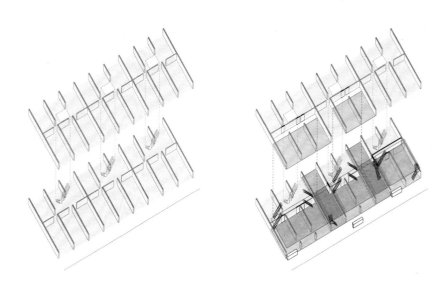

案例 17　花园改造多样的历史建筑（沿街版）

历史建筑保护方面的原因使得庭院成为改造重点，出现了庭院合并共用以及整体搭建的情况。改造逻辑的发展可能对两种组合情形下庭院的使用状态作了讨论：（1）庭院合并后搭建形成室内空间，且为几户共用；（2）所有庭院全部合并成共享。

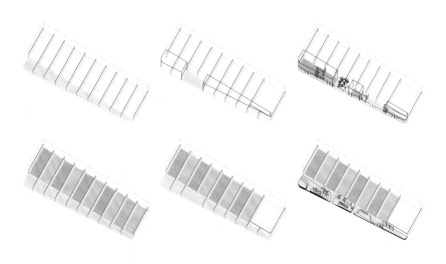

案例 18　有沿街户外场地的酒吧

原建筑山墙面户型面积小、进深浅，室内仅属功能置换，营业面积向山墙面以外的街道拓展，目前主要是通过加建雨篷和划定户外场地。改造逻辑的发展可能尝试更多样过渡空间的方式。

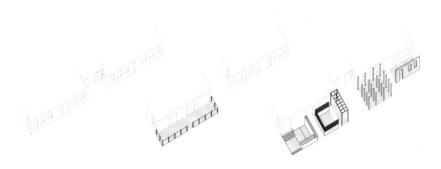

案例19 功能细分尺度缩小的高层裙房商业

建筑原本的空间尺度和动线就比较复杂，根据功能需求改造进一步细分空间，尺度比原来更小。其他空间属性基本不变。改造本身的完整度较高。

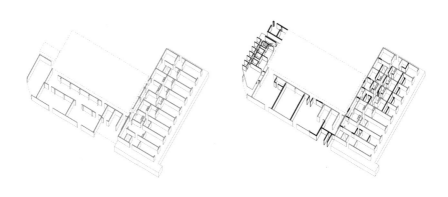

案例20 整体改造的多业态双拼别墅

属于整体改造开发范畴。结构的原因内部格局基本不变，以局部墙体增减的方式微调，垂直交通局部打断，内部流线有相应调整。沿街部分有拓建，补充面积的同时也增加了建筑与街道的联系。除沿街加建部分新开入口外，基本保留原有流线方式。

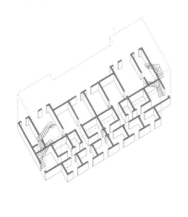

类型研究模型

1)"数据库"信息汇总表

　　研究将数据库内所有案例的分析，整理成"单元条件及改造"汇总表，将
改造发生所涉及的各项要素归纳罗列在一起——包括改造前住宅的空间条件和
局限，改造的目的和由此产生的单元变化，以及改造操作手法。其中，淡灰底
黑线的图标表示超越了以住宅单元为改造基础的界限，涉及"非法"使用公共
空间。汇总表将控制改造发生的"上""下"两方面因素整合在一起，去理解单
个案例发生的"因果"关系，并从总体上了解，在"上"的重重限制和"下"
的自发应对下，能获得何种程度多样化的空间形态。

空间条件及限制

双向墙不可动 — 建筑保护或结构原因，墙体均不可变动（不可拆除或开洞）

单向墙不可动 — 承重墙体不可变动（不可拆除或开洞），隔墙可作变动

墙局部可动 — 墙体上仅可作开洞处理（不考虑结构影响）

框架 — 建筑为框架结构（墙体不承重，均可变动）

楼板可去 — 楼板可以拆除

有院落 — 产权内用有花园或其他场地

层高较高 — 建筑层高比较高（可增加阁楼）

单元关系

户内拆分 — 原有单元拆分成几户独立使用

户间局部合并 — 单元之间局部合并，但仍独立使用

户间完全合并 — 两个或两个以上单元完全合并成一户使用

户外垂直扩建 — 单元外部（仍在所在建筑范围内）的垂直方向扩建

户外场地占用 — 占用不属于单元的外部场地

建筑内扩建 — 发生在单元所在建筑内部的扩建

建筑外扩建 — 发生在单元所在建筑外部的扩建

改造手法

合并 — 将两个以上空间合并成一个

拆分 — 将一个空间拆分成多个

水平新建 — 在水平方向上新设一个空间

加入口 — 增加新的单元入口

阁楼 — 增加阁楼空间

加顶 — 为场地增加覆盖物

临时 — 设置临时空间

利用原有楼层 — 增加新的流线使用原有二楼以上楼层

外扩 — 空间整体向外扩展

新加楼层 — 增加新的独立楼层空间

连接 — 将两个空间相连

下沉 — 楼层地面标高下降

单元条件及改造

案例阶段		空间条件及限制		单元关系	改造手法				
01 开间变化的服装和杂货店	改造后				合并	拆分	水平新建	加入口	
	发展 (1)	单向墙不可动	有院落	户内拆分	合并	拆分	水平新建	加入口	
	发展 (2)				合并	拆分	水平新建	加入口	
02 花园改造多样的历史建筑（区内版）	改造后	双向墙不可动	层高较高	户内房屋合并	合并	拆分	扩建	加顶	
	发展 (1)	双向墙不可动	有院落	户内拆分	合并	合并	扩建	加顶	
03 底层改造多样的历史建筑	改造后	双向墙不可动	层高较高	户间完全合并	水平新建	合并	扩建	拆分	
	发展 (1)				水平新建	合并	扩建	拆分	
04 花园改造多样的历史建筑（区内版）	改造后	双向墙不可动		户外场地占用	水平新建	加顶	拆分	临时	
	发展 (1)		有院落		水平新建	加顶	拆分		
05 底层改造多样的历史建筑	改造后	双向墙不可动	层高较高	户内拆分	水平新建	合并	扩建	拆分	

的联立式别墅

	单向墙不可动	有院落	墙局部可动	户间完全合并	户外垂直扩建	合并	加入口	水平新建	利用原楼层	扩展
07 面向公交终点站的零星社区商业	改造后									
发展 (1)	墙局部可动 有院落			户内拆分	建筑外扩建	拆分 水平新建	扩展 加入口	加入口	拆分	水平新建
发展 (2)										
08 开间单一但组合多样的商铺	改造后	单向墙不可动								
发展 (1)				户间完全合并 户内拆分	建筑外扩建	拆分 水平新建	扩展 加入口	加入口	合并	利用原楼层
发展 (2)						合并 水平新建	扩展 加入口	加入口	合并	利用原楼层
09 旅游消费点内的多样商铺	改造后	单向墙不可动	墙局部可动							
发展 (1)			有院落	户内拆分	户外垂直扩建	拆分 水平新建	扩展 加入口	加入口	新加楼层 拆分 阁楼	利用原楼层 扩展
10 被置换和搭建的高层裙房商业	改造后				建筑外扩建					
发展 (1)						合并 水平新建	合并 加入口	加入口	新加楼层 拆分 阁楼	利用原楼层 扩展
11 高层首层大空间间的美发屋	改造后	框架		户间完全合并	建筑内扩建					
发展 (1)						合并 水平新建	拆分 合并	加入口	利用原楼层	

单元条件及改造

案例阶段		空间条件及限制	单元关系	改造手法			
12 带室外楼梯的花园商铺	改造后	单向墙不可动　有院落		合并	拆分	水平新建	利用原楼层
	发展（1）		户内拆分	合并	拆分	水平新建	利用原楼层
	发展（2）			合并	拆分	水平新建	利用原楼层
13 开间单一的服装店	改造后	单向墙不可动		合并	扩展	加入口	水平新建
	发展（1）		建筑外扩建				连接
14 下沉餐厅和阁楼甜品店	改造后	单向墙不可动		合并	阁楼	下沉	
	发展（1）		户外垂直扩建		阁楼	下沉	
15 复杂的山墙面商铺	改造后	单向墙不可动　有院落	建筑内扩建	合并	扩展	加入口	水平新建
	发展（1）		户内拆分	拆分	扩展	加入口	水平新建
	改造后			拆分			

二合院商铺

项目	状态	双向墙不可去 / 有院落	户内拆分	拆分	水平新建
17 阁楼和垂直交通复杂的美食街	改造后	楼板可去(双向墙不可去)	户间完全合并 / 户外场地占用	合并	新加楼层；合并；临时
18 花园改造多样的历史建筑(沿街版)	改造后 / 发展(1) / 发展(2)	有院落	户间局部合并	合并	新加楼层；合并；加顶
19 有沿街户外场地的酒吧	改造后 / 发展(1)	单向墙不可动 / 有院落 / 墙局部可动	建筑外扩建 / 户间局部合并	扩展；合并	水平新建；加入口；连接
20 旅游消费点内的多样商铺	改造后 / 发展(1)	单向墙不可动 / 有院落 / 墙局部可动	户内拆分 / 户外垂直扩建	扩展；合并	水平新建；加入口；连接
21 车库裙房里的酒楼	改造后	单向墙不可动	建筑外扩建 / 建筑外扩建	合并；拆分	水平新建；加入口；利用原楼层；新加楼层；阁楼；拆分
22 功能细分尺度缩小的高层裙房商业	改造后	框架	建筑外扩建	合并	扩展；合并；利用原楼层
23 整体改造的多业态双拼别墅	改造后	单向墙不可动 / 墙向墙不可动	户内拆分 / 建筑外扩建	拆分；合并	扩展；加入口；利用原楼层

2）方程式——改造操作的排列组合

在"数据库"汇总表基础上，为进一步考察"上"和"下"在操作上的普遍性，研究给出"上"+"下"=？这样类似方程形式的初步总结。理论上若穷举"上"+"下"的排列组合方式好像数量应该非常庞大，其实结合汇总表上的实际情况，并对其组合方式进行考察后，可以发现在特定"上"的限制下，其逻辑和实际上所能对应的"下"是有限的。最终方程式确定为（改造的）"目的与条件及限制"+"限定的改造手段"="可出现的具体操作"，这样一种表述形式，得到了16条基本可以确认的方程式（说基本是如方程式4所描述的情况现实中不难出现，但样本中并未收录，我们认为可以成立）。具体到每组方程式得到的结果，相同的组合会产生不同的选择性——即前面所分解要素的变化和差异会有所不同。这种差异暗示了"上""下"之间并非刻板而是相当灵活的互动关系。

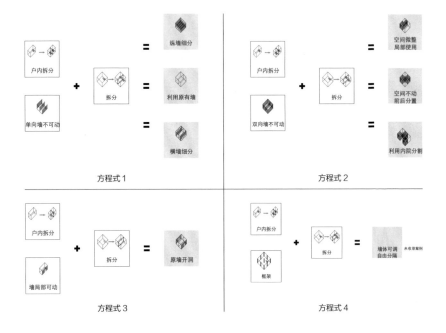

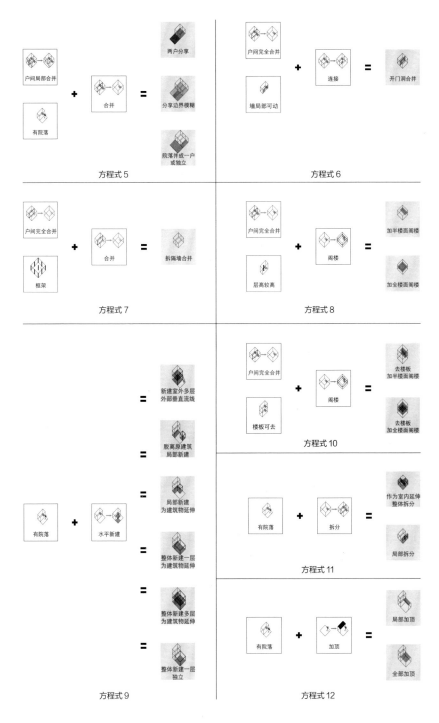

方程式 5

两户分享

分享边界模糊

院落并成一户
或独立

方程式 6

户间完全合并

连接

墙局部可动

开门洞合并

方程式 7

户间完全合并

框架

合并

拆隔墙合并

方程式 8

户间完全合并

层高较高

阁楼

加半楼面阁楼

加全楼面阁楼

方程式 9

新建室外多层
外部垂直流线

脱离原建筑
局部新建

局部新建
为建筑物延伸

整体新建一层
为建筑物延伸

整体新建多层
为建筑物延伸

整体新建一层
独立

有院落

水平新建

方程式 10

户间完全合并

楼板可去

阁楼

去楼板
加半楼面阁楼

去楼板
加全楼面阁楼

方程式 11

有院落

拆分

作为室内延伸
整体拆分

局部拆分

方程式 12

有院落

加顶

局部加顶

全部加顶

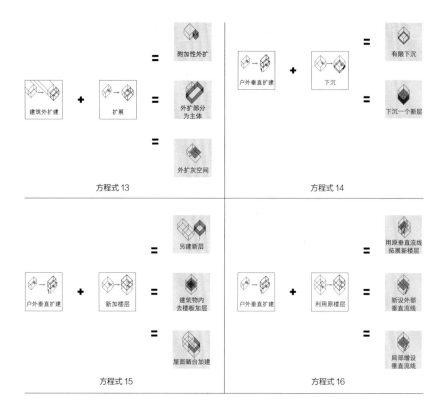

方程式 13 　　　　　　　　　　　方程式 14

方程式 15 　　　　　　　　　　　方程式 16

3）类型图——改造方式的图示汇总及其整合

相比方程式归纳的改造因果关系，可能用简化且彼此相关的建筑化图示来呈现所有这些信息"结论"，更为明确直观。"数据库"汇总表和方程式清楚指出了所有改造操作均以单元空间为基本范畴，那么从空间本质上考虑（单元的大小和形式只是反映了个体差异），不难设想它们可以产生互相的参照、关联甚至转移——发生在某个案例中的变化操作，在相同前提条件下也会在其他案例中出现。基于这样的理解，在图示的具体表达方法上，不仅每个方程式的单元"条件"应该尽可能一致，而且不同方程式之间的"条件"差别也需要设法统一或至少相似。同时，虽然改造的形式效果多种多样——基于案例就有数十种之多（现实中应该更多），但是需要强调它们的共性主要是对单元前提所作的回应，而非操作分寸或者造型选择方面的个体差别。所以在准确表达内容的前提下，应尽可能体现改造是单元新的组成部分，或者说整合改造后的各种单元仍然可以保持关联性。

我们将类似"形式模块"的图示，随机汇总成一张改造操作变化的全景图，以此表达上海住改空间的形态机制。就研究过程来看，收集的案例确有一定的随机性——其中包含的改造信息很难完整反映上海住改空间多样性的全貌，拆解分析中对某些操作方式的理解也可能因定义不同而产生方程式归纳的偏差，如此种种。这张类型图在所谓"类型"的复杂性、"准确度"方面都可以进一步探讨。然而无论如何，上海住改空间在"上""下"机制作用下所产生的形式特征——单元空间模式下的形式多样性，还是从最初照片或者案例的模糊状态中切切实实的现身，特别是对于思考这个特征作为一个模式，可能会附加给整体城市空间的影响，以及与其他城市特征（诸如东京、首尔、台北、深圳等）对比可能的讨论而言。

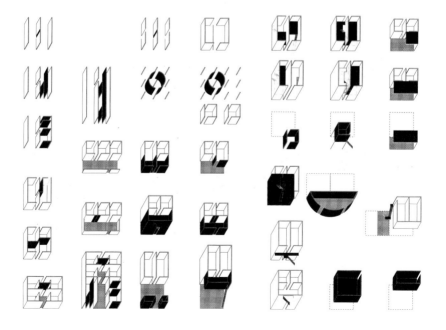

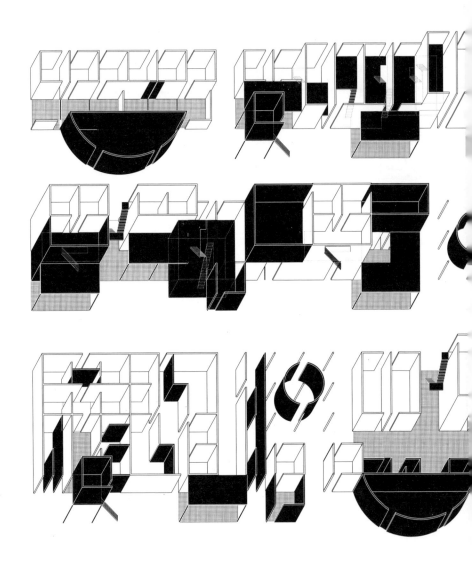

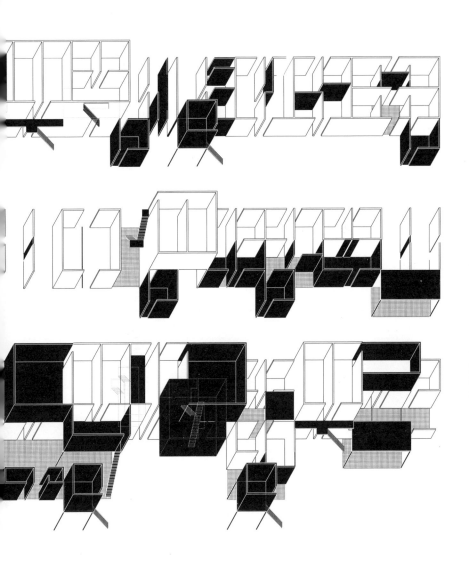

TIPS

延伸阅读

东亚城市住区自发商业空间案例参考

以住改空间为代表的住区自发商业具有非正式化、碎片化的基本属性。它们往往通过改造而非新建方式来适应需求变化，反映了产生条件的特殊性和存在的不确定性。一方面，它们真实呈现了市民对于所在城市生活方式理解的角度与深度，是城市文化的重要组成。另一方面，这些自发建设活动主要基于个体利益考量且发展过程混乱，使得它们在城市形态意向层面的界定和讨论，时常因为需要面对复杂情境而显得困难重重。东亚城市住区自发商业空间的建设现象不仅普遍而且根深蒂固。虽然不同城市中的现象积累因为源起的历史契机、建成环境的基础、经历的社会流变等千差万别，导致看似功能类似的建设内容在外在形态上有很大的差别，但是它们均以住区空间为变化发展的载体，同样是受到政策、法规的引导和控制而表现出生长"潮汐"。所以对于上海住改空间的研究，不妨借助东亚城市之间的状况比照，至少可以在两个方面有助于提示和拓展一些研究内容上的思考：一、如何从形式特征角度去认识、分析城市建筑积累在路径方式上的差别，甚至所谓本土化的内涵；二、如何从机制运行角度去评价、讨论诸如政策法规和历史现状下，现象的培养或抑制本身是否存在多种弹性的可能。

注：不同城市案例涉及的现象中既有住改空间情况，也有既存商铺继续改造的情况，还包括违章搭建，这里统称为自发商业空间。

参考城市 1: 首尔

以某一区域为例，概述首尔住区自发商业空间大概是怎样的。

韩国是土地私有制度，全国有一半以上的土地为公民持有，在城市住宅片区中表现为大量小型私人用地集合成街道团块的基本状态。首尔城市住宅的传统样式通常是带有庭院的独立式住宅——在用地当中建造一栋2~3层的房屋，并用院墙界定出边界范围。虽然住区发展的最初阶段属于疏松的低密度建筑机理，但是随着城市发展，在居住密度不断提高的同时，功能的多样化和复杂化使得住宅转为商业用途，其中包括零售、办公、餐饮、诊所和画廊等。对于原有住宅的改造以及新的城市建设将建筑之间的"空隙"逐渐填充，导致出现体块密集且尺度细小的城市样态。弘大区就是典型代表。20世纪中期以前，这里本来是内向型的城市郊区，适合那些不喜欢城市快节奏生活的人们。20世纪50年代初朝鲜战争带来了大量迁入人口，让这一地区的居住密度大

幅增加。很多居民开始通过非法扩建和占用土地，来适应地区发展的变化压力。不过因为居民中政府官员的比例很高，所以仍能维持相对较高质量的居住环境和建筑品质。20世纪70年代，弘益大学的扩张彻底改变了这一地区。一方面，诸如画家、音乐家、娱乐业者的入驻，逐渐将文创产业渗透进单纯的居住功能中。另一方面，这里的私人业主也更积极地通过住宅更新配合商务空间的租借来获得利益。到20世纪80年代这里已经成为整个城市中最为活跃的地区之一。在这里，各类对住宅商业用途的开发已经持续了数十年，尤其是近邻道路的那些住宅经历了多次改造。从一些小的建筑拓展开始，到加建新楼层，在地块上搭建新的构筑物和翻修立面，然后以此为基础再进行新一轮变化。一方面经历了很长时间的积累，另一方面在法律允许的前提下有比较大弹性，很多住改空间外观上似乎很难将其与新建建筑区别。然而仔细观察还是能够发现原有住宅建筑的部分，至少它们的空间特征还是可以从目前改造的基本框架中阅读出来，尽管有时候它们会被拓建部分遮挡甚至完全"包裹"。

这种时间积累或者说历史痕迹，也可以借助同一个区域中呈现的不同阶段改造样态，给出互相间的提示。总体上，在弘大区你会观察到，住区商业不仅涵盖从住宅样态转为商业样态完整变化的各个阶段——置换到"拆建"的各种外观，而且大量案例以不同发展阶段的形式并置堆叠在一起形成连绵的街道景观整体。

商业空间在住区中的分布有没有规划上的考虑？

韩国的市建设以英美规划体系为基础。在区域定位（zoning）的前提下，会有比较细的政策条款去说明其中地块建设的限制和弹性在哪里。首先从宏观前提角度上理解，区域定位会对城市空间进行不同功能使用方向的划分，如居住、商业、绿化、工业等等。但是即便用地性质同样是居住，也不意味着所有区域都限定为单纯的居住功能，类型上可以是纯住宅到商住混合的多种状态。虽然每一个发展类型下都有相应的功能内容甚至建筑形式的引导，但其他功能的混入不会因此受到完全的限制。以这种规划指

导思想为基础，对于包含多种类型居住用地的城市区域，就有可能向功能多样的混合型住区转变，甚至局部形成商业区。接着，从微观条款角度上可以来看一下这种转变是如何发生和控制的：规划的制定在明确不允许（Not allowed）出现某些情况的同时，也会提供可以考虑（Optionally）以及允许（Allowed）出现某些情况的选择性。例如住宅用地按照建筑密度和容积率可以分成一、二、三类，第一类的建筑密度较小容积率较低，即为低密度住宅区，第三类的建筑密度较大容积率较高，即为高密度住宅区。第二类位于两者之间。规划首先会在建筑类型上做出规定：第一类以独栋住宅为主，不允许出现公寓和旅馆，可以出现集合住宅；第二类可以有旅馆，但公寓的建设仍受到限制；第三类则均可以。其次对于不同类的地块出现商业及公共服务的情况也有相应规定：第一类不允许出现办公、健身房、书店、超市以及展厅和博物馆，允许的主要对象是市场；第二类对第一类大多数不允许的情况作了适当放开——即在合适的情况下可以出现，但是对超市仍然作了限制；第三类则基本都允许发

生。这么做一方面是要保护低密度住宅区的居住环境不被干扰，同时也是鼓励商业活动尽可能往高密度建筑区域集中。如果沿街地块为二、三类地块，街块内部为一类。按照规定，一方面，街块内部很难出现比较复杂或者比较大型的商业服务，另一方面，沿街地块的住宅则有机会作相对大尺度的变动。在整个区域仍保持住宅用地的情况下，沿街区域就会比较顺利地向多功能商业区转变。虽然伴随城市发展出现的住区商业有自己历史积累的因素在，而且法律规定的范围内也仍有不同的可能情况（导致样态差异很大），但是总体上确实存在某些地块比另一些有更大的变动弹性。我们可以将这种情况简单理解归纳为：政策通过明确约束下的自由度来影响住区的发展。

如何理解不同住改空间在形式上出现相似性？

建筑法规对形式选择具有决定性影响，是很普遍的情况。但是一方面，基于不同案例之间情况的差异，法规本身的解读会不一而足。另一方面，法规也并非制定后永久不变，往往会根据社会状况的变化而做相应调整。从首尔的情况看，朝鲜战争以后的城市扩张和非法建设，催生了相关管制性政策的出台。但是实际建设过程中法规执行的效果——特别是利益限制与城市管理方面，事实上演变为法规介入的明确性与五花八门利益获取的模糊性之间的博弈。于是，建筑规范会不断修正和持续补充。这些修正、补充则成为影响建筑改造方式新的考量基准点。也就是说，建筑法规对具体个案操作的影响，会因为其时效性造成改造案例形式选择的阶段性。在弘大区，住宅改造形式的阶段性特征不仅通过案例间的相似性表达出来，而且进一步呈现为并置的多样性。比如，很多住改空间都喜欢选择增加地下室，主要是因为这部分面积不被计入容积率。关于什么是"地下室"，法规引入了一个关于地上与地下空间比例系数的概念。较早的规定是，如果地下室超过 1/3 的高度在地面上，就被算作地上面积。这个条款中的比例到 20 世纪 80 年代中期又减半，地上部分越来越小。这就导致了后来很多改造改变了原来半地下的操作，将更多空间放入地下，于是出现了很多层高比较高的地下空间。又比如，如果不同楼层单独使用就要设置独立流线，二楼以上就需要补充室外楼梯。20世纪90年代以前在原有住宅上加建室外楼梯，是不计入容积率的。但是因为当时太多这样的情况，90年代后法规改为计入容积率，这就使得楼梯必须要在建筑内部解决，取而代之的是走廊的出现。还有，住宅在改造过程中有大量非法搭建的情况，通过房屋产权以及租户权益的法律认定，明确了几户人家同时使用一块住宅用地的可能性。这使得一栋住宅可以进一步细分用户并有不同的发展，户主可以通过这样的方式获益。事实上，建筑法规中的诸多条款都会对住宅改造产生潜在的影响或者说"引导"，除了上述的条款外还涉及用地划分、覆盖率、街道关系、建筑类型、停车、日照等。用户的改造固然是以具体功能的使用需求为出发点，但是操作的选择上会将法规的因素考虑在内以保证可行性。从这个角度来看，住区商业中出现某些相似性的改造方式，并不仅仅是相互参照的"习惯"使然，而是可能基于对同一法规的相似反应。案例之间的操作差异也不一定就完全是自发选择所致，很可能是法规阶段性变化的外在结果。

另外，包括商业在内所有的住宅改造行为，与整个区域的规划密切相关。所谓的规划并不是具体的形式设计，而是一个基于附加条款的系统框架，表明在这一地区未来想要发展成什么样。就弘大区而言，是以功能混合多样、空间的高适应性等特征在发展，规划就鼓励土地拥有者能够超越最基本的改造——仅仅是出于自身需求，更积极地来进行土地开发。对于这种积极性的出现，规划会有相应容积率上的奖励条款。例如，合并几块小的用地，在底楼或者顶楼划出公共空间、根据规划建议提供功能、弹性空间的设置以及考虑可持续发展要素等，都会有计算方法来给出面积的补偿。我们可以简单理解成，如果改造这样操作，就能够获得更多楼层和面积。在相同条件下，这无疑对住宅改造的方向产生很大的诱导性。虽然住区商业的出现和演进，个体化因素是不可避免的客观事实，尤其对于那些谈不上土地开发的中小规模改造而言，由零散形态集合而成的群像有很大程度上的不确定性，但是当区域转变和改造能级达到一定强度，奖励条款就会发挥作用，驱动某些类型化空间的出现，并非常有可能在个案之间形成共性。如果还考虑到它们对中小规模改造产生的示范作用，也许从整体观感上仍然保持着随机的状态，但是在城市空间层面会产生积极的"同向性"发展趋势。

（注：感谢 Bart Reuser 提供的首尔相关资料及图片）

参考文献：

[1] 巴特·罗伊瑟尔."首"选方案 [J]. 住区，2014，04.

[2] 汪秀莲. 韩国土地管理法律制度 [J]. 中国土地科学，2003，03.

[3] 梁龙男. 论韩国的城市规划及城市开发 [J]. 国外城市规划，1998，02.

参考城市 2：台北

以某些街道或者区域为例，台北住区自发商业空间大概是怎样的？

商住混合形态在台湾由来已久。无论是清朝时期的"前铺后居"，还是后来的"上铺下居"都是台湾人生活中常见的住宅空间使用方式。我们仍可以从台北迪化街一带的城市景观中，清楚地观察到以此为基础的传统台湾商街的典型方式——长条形的联立式店铺，门面不宽但进深很深，商业和居住功能混合。这种基本样式因为在传统生活中有其满足实际生活需求的现实背景，以至于人们产生了某种根深蒂固的观念，时至今日对城市商业尤其是社区内的商业还有举足轻重的影响。另外，因为台湾实行土地私有制度，以居住区为对象的大规模城市更新一直都很困难。所以就台北住区商业而言，会给人某种住宅建筑本身老旧但是商业空间却不断更新的印象。迪化街所在的区域本身有些没落，而且其中很多老店铺保持多年不变，商业更新并不迅速，因此上述印象感觉不明显，但是诸如永康街或者敦化南

路光武新村一带的情况就会明显很多。永康街一带是目前台北生活文化美食街的代表，而光武新村一带则是台北流行服饰店铺的集中地。这两处商业活动强度非常高，发展也已经相当成熟。虽然两者发展契机和重点不太一样，但是住区商业的载体都是4层的老公寓楼，所以在空间样态上有类似之处。以永康街为例，住宅店铺大小受限于原来建筑物的尺度：面宽局限——多层住宅底层商铺的面宽一般在3~5m，小高层住宅底层商铺的面宽则仅为2.5m左右；进深复杂——餐厅差别较大，可以有5~12m的变化幅度，零售及生活服务类的店铺进深大多数都很小。除了少数几家店铺外，商铺面积大都相对有限，甚至有许多窄仄"店中店"（商铺中包含商铺）的情况。商业和居住的空间构成比较一致——除了少量位于二楼以上外，绝大多数商业空间都在底层（也有部分使用地下层的情况），二楼以上仍保持住宅功能。虽然这里的商业空间普遍"小巧"，但是因为经历了多次转租和整饬，无论在空间布局和外观设计上都比较完善。同时，因为商业多集中在建筑首层，又紧邻社区道路形成商街系统，保持着近地面空间与活动的关联性。从整体街道景观的角度来看，呈现为一种二维化的精致的小型商业空间聚落样态。

住区自发商业的出现，行政管理层面有相应的制约吗？

1983年《台北市土地使用分区管制规划》（以下简称《分区管制》）颁布施行，经过数次修订沿用至今。《分区管制》的主要内容是对不同城市功能（例如住宅、商业、工业、行政、文教等）划定等级的同时，也对对应等级内建筑物的性质、用途、规模等做出规定。其中住宅分为4类（以下简称住一、住二、住三、住四）：住一的居住环境水准最高，以独立或联立式住宅为主，维持最低人口及建筑密度，不支持非居住功能的使用；住二的居住水平其次，允许出现集合住宅，维持中等人口及建筑密度，可设置小型日常用品零售业或服务业；住三的人口及建筑密度稍高，各种住宅类型和一般零售业均可出现；住四维持基本的居住环境水平，防止大规模工业与商业的使用即可。从基本等级划定中，已经可以初步留意到对居住区出现商业有相应的约束。《分区管制》中将城市中不同建筑设施分为56组，其中社区商业功能可能会涉及的大概20种。不同等级的住区只能根据规定的功能组来安排商业建设活动。住一中仅列有日常用品零售业，住二增加了零售市场、饮食业、日常服务、自由职业事务所等，住三增加一般零售业、一般服务业、一般事务所等，诸如此类的界定。另外，《分区管制》有一个重要的条款描述——"附条件允许使用"，是指在满足相关条件的前提下才允许出现的情况。商业设施的使用方式对于所有住宅等级均列在"附条件允许使用"条款之下。虽然在《分区管制》实行的最初阶段，并没有像后来这样明确"附条件"实施的具体细节，但是当时台北确实已经从行政和立法角度去尝试逐步建立相应的措施着手城市管理。经过80、90年代的实践和讨论，《台北市土地使用分区附条件允许使用核准标准》（以下简称《核准标准》）在2000年以后推出。对"附条件"从实施角度作了三个方面的补充：第一，对每一组商业设施的具体内容作了细化定义，比如日常

用品零售业组包含饮食成品、300平方米以下的日用百货、粮食、蔬果以及包装完毕的肉品和水产；第二，对核准条件有详细说明，例如营业面积大小、使用楼层的位置以及所临道路的标准等；第三，对一些特殊设施或者要求的附加说明。这样就对住区中出现的商业设施（包括住改空间在内）的可能性分门别类、事无巨细地给出"指导"。以条件相对宽松的住三为例，即便只按照道路宽度标准一项，也有可行与否的明确规定——4m以下街道不能开店，6m的街道可以开设零售业，8m以上才能开设餐厅。如此说来，哪种商业空间在哪类住区的哪种街道上以何种标准出现，是可以找到大致对应关系的。

违建是台北不能回避的问题，住区自发商业中非法与合法的建设分别是什么情况？

台北住区商业所涉及的建筑改造需要从合法与非法两个方面来观察。非法的部分不能不提违章建筑（以下简称违建）的问题。台北违建历史由来已久。1949年大量大陆移民来到

台北。因为官方所能提供的住宅有限，民众只能通过乱搭乱建解决居住问题。1963年台北统计的违建数为5.3万间，1/3的台北市民居住在违建中。到了20世纪80年代，又因为房地产经济迅猛发展，大大超过中低收入阶层的购买力，进一步加剧了违建的发生。到《台北市违章建筑处理要点》（以下简称《处理要点》）发布中规定的1994年12月截止时，已有超过7万间违建存在。《处理要点》将这部分业已存在的违建称为"既存违建"，以登记、存档、管理的方式合法化（《处理要点》称为"拍照列管，存档后暂免处罚"），而1995年1月1日产生的违建，原则上就要拆除。但事实上，1995年到2014年间又新增违建2.7万间。违建对于台北城市景观而言是一个顽固且具重要影响的因素。住区商业的发展中自然也有违建的问题存在，所以1995年以前商业违建现象（多数是无序、随机的自发搭建）应该被计入目前住区商业的整体形态。除了以违建标准衡量外，违反《分区管制》和《核准标准》的非法商铺也数目可观。比如没有按照《分区管制》中住区等级规定的功能组来设定商业内容，超过《核准标准》规定的营业面积核准条件或者营业内容不够道路宽度的要求等，如此种种的非法情况在许多知名商圈都有发生。但是正如官方不得不接受违建现实所表现出的"灰色"态度一样，对非法商铺现象也是边放边管的处理方式。例如2013年7月对于住三地区宽度8m以下道路不得设置饮食店、咖啡店等的规定作出修订，除了特定区域和行业外，将临6m宽道路的饮食店等违法商铺作登记管理处理，不予处罚。实际上这与"既存违建"相似，是变相就地合法的处置方式。以上情况，一方面是说非法商铺的存在以及违建外观，确实将台北住区商业的整体样态，部分地表征为某种意义上个案化的自发行为。但是另一方面，我们也应该注意到因为法规和管理越来越细化和严格，城市发展早期那种真正混乱和随意的状态已经大为收敛和约束，很多非法现象（尤其是那些有可能被官方"放行"的部分）变得似乎有迹可循，至少可以认知其发生的"路径"了。

合法的部分主要是指住区商业在符合相关法规前提下进行改造、建设所受到的影响，以及作为整体街道景观呈现出的"集体性"特征。《核准标准》中有关于商业空间出现的大小（面积）、位置（所在楼层）以及周围交通（所临道路宽度）核准条件的详细说明。例如住一、住二中所允许出现的零售业及服务业，其面积被限制在300m² 以下（市场和超市除外，住三、住四适当放宽）。住一到住三中的饮食业（可以理解为咖啡小吃店）被限制在 150m² 以下。考虑到住宅套型本身大多面积有限，而且临近道路宽度越小，可以开设商业的面积也相应更小的情况，住区所能支持的商业形态往往是小巧且零碎。同时，一般情况下零售业和饮食业被规定只能位于建筑首层和地下一层，其他日常服务也仅可以扩展到二层，并且规定不能与住宅同一层或者位于住宅之上。正因为这样，我们才观察到住区商业不仅往往贴近地面或甚至都集中在一层，而且商业位置因为受到压制，一定会出现以"上住下店"为基础的商住混合形态——序列颠倒或者整栋改为商业的情况原则上是不可能的。《处理要点》中也有对合法改造应该符合相应的形式、尺度、材料等要求有明确说明，

例如条款中多次提到使用非永久性建材（主要指砖、钢筋混凝土和钢结构），搭建的花架和围栏必须达到相应的透空率，增加落地门窗不能改变原有外墙等。这样住改空间将很难进行实体加建和改动原有建筑的外观，而偏向"轻透"和"过渡"性使用，或者集中在装饰材料的选择上。我们很容易在各大住区商圈发现相应的案例操作。综合来看，如果住区商业以合法的面貌出现，会很自然地导向某种形式类型，或者称之为空间表述的相似性，而个体改造的多样性则不得不以这个"相似性"为基础。

注：

感谢郑采和提供的台北相关资料及图片

参考文献：

[1] 郑采和. 台北东区 [J]. 住区，2014，04.

[2] 全家禾. 台湾都市土地使用分区管制之实施与课题 [C]. 中国土地学会会议论文集，1998.

[3] 姜涛，姜梅. 台北市城市设计制度构建经验与启示 [J]. 国际城市规划，2019，03.

[4] 台北市政府法务局. 台北市法规查询系统 [EB/OL]. 2017-06-14. https：//www.laws.taipei.gov.tw/lawsystem/wfHome.aspx

[5] 台北市都市发展局. 城市设计法令 [EB/OL]. 2015-09-24. http：//www.udd.gov.taipei/laws/list.aspx?Node=47&Index=5.

参考城市 3：深圳

深圳中心城区城中村里的商业空间大概是怎样的？

这要从深圳城中村的网格化肌理说起。如果以正交网格和完全随机为两种极端的话，深圳城中村大部分呈现为网格叠加（包含多个正交网格肌理）或模糊网格（具有粗略网格的随机肌理）状态。这种特征与两种情况的形成过程有关。一种是村落原有机理就是网格化的，即梳式布局——岭南地区一种典型村落的组合模式，通常建筑横平竖直规则排列。网格常常会根据自然环境以组合的方式出现（不同方向和密度）。城市化过程中会有密度加建和边界调整，原始清晰的肌理就逐渐模糊了。另一种是农村土地城市化过程中，新建网格逐步替换原始村落肌理形成的，即在划定的村落红线范围内和规定面积的宅基地上以网格形式新建。政府以"征地返还"的形式限定每户住宅用地面积（例如原特区内为 80m²/户，宝安、龙岗为 100m²/户），村集体负责新建城中村的具体土地使用规划。兵营似的网格

化处理可能是最快捷、易操作且界限清楚的布局方式。因为每个村发展情况不一，现实情况复杂，理论上操作简单的网格化覆盖，很少以理想化的整洁的肌理状态实现。无论如何，网格化的机理都可以成为理解深圳城中村形态的基础。

商业空间便是以这种肌理作为生长发展的基础。网格化机理的基本形态是由井字形道路网格以及在矩形宅基地上建成的立方体建筑组成。一方面，这种形态表面上看似道路四通八达、建筑布局匀质，实际上因为街道结构模糊、错综，存在大致的使用等级，所以并不是真的像观感上那样匀质。另一方面，街道的轮廓因为规划、管理不够严谨，呈现犬牙差互的"有机化"特征。不仅如此，尽管在日常使用时，每个建筑有主次立面之分（其实是和街道关系的主次等级）。但是原则上，建筑的四个面都有机会和街道产生关系。商业空间便是以这种模糊的等级秩序、多少有些"有机"的建筑肌理以及建筑多界面选择性为基础来呈现其样态。首先，商业空间在一个或者数个建筑的几个面上选择界面

的方式，是一种基于多样选择性的拼合关系。如果结合街道等级和"有机化"机理的因素，这种关系既不是单纯的个体累积又不是组织原则明确的组群关系（正如城中村以外的现代城市商业环境中见到的那样）。其次，因为室内面积往往局促，商业空间普遍表现出向外追求附加面积的倾向。在操作上可能是实体加建、围墙、高差、雨篷、围栏等中的一种或几种，效果上是五花八门的过渡空间。这些"拓展"绝大多数发生在街道上，这样很容易产生商铺周围空间"曲折多变"的印象。第三，在朝向和拓展选定的情况下，还有入口的位置和形式。商铺入口形式并不简单跟随建筑界面及外部拓展空间，会是一个偏向个体的因素。通常商家喜欢直接以及尽可能多的入口，但是空间所限往往只能选择比较方便实施的。这样就会形成即便在相同条件下，入口仍然可能出现差别并置的情况。总体上来看，城中村住区商业是以城中村道路和建筑组成的空间框架为基础，通过选择商业开设的界面来形成对街道的初步关系，并有条件、有约束地向外拓展过渡空间，设定可行的入口形式，从而产生从街道到商铺室内的完整空间序列设定。因为初始界面的选择就差别很大，后续又有个体因素的不断加入和强化，所以以城中村商业以及周围的街道环境看上去多变和不确定。

以某城中村为例，商业空间在分布上有没有什么规律？

首先需要了解的情况是，如果说城中村外围商业空间还会以所在城市道路的发展规划作为建设和管理的依据，那么处于内部的商业空间基本上是在自发生长的状态下积累起来的。这与城中村在管理上与外部城市相对隔离有关。深圳在 20 世纪 90 年代对城中村违建提出的"管理办法"中，秉持了"严宽相济、既往不咎"的原则。其中一项重要放宽原则是"在非农建设用地范围内"以及"不与（城市）规划矛盾"。这实际上反映了，区别于外部城市受整体规划控制，城中村发展处于某种"画地为牢"状态的基本现实。包括商业空间在内，发生在城中村内部的自发建设，很长一段时期内，受到管制、查处的机率和力度要远小于外部。尤其是市中心的城中村很早就受到用地严格约束，只能不断向内扩张寻求发展空间。商业空间根据诸如市口、人气之类的原始"市场化"要素在内部聚集、蔓延开来。中世纪似的观感，通过商街结构和店铺形态准确地传达出来。

以岗厦为例，这两方面的情况反映如下。第一，商街结构受到道路等级的影响或者说引导。按照使用情况，岗厦的道路可以分离出以下道路的等级：城市道路，片区外围道路（单侧为城中村界面的情况），内部主要街道（两侧均为城中村界面的情况），内部次级街道（不通车辆的主要街道）等。整个片区的通行框架自外部城市道路开始，能力递减，这使得外观看上去匀质的城中村肌理，实际上是按等级运作。只有可供车辆通行的道路是整个区域内尺度比较宽松的——尽管局部有尽端路的情况（道路突然变窄，车辆不能再通行）。这些道路将片区划分成若干大小不一的街块，绝大多数商业正是出现在这些街道的两侧。虽然也有一些位于片区内部的商业，但它们表现出从主街引导而来、依附于主街的情状，几乎没有孤立出现的。

除了历史积累方面的原因外，人流密度以及消费群体效应是这些商业选址最关键的考虑因素。第二，店铺比较一致地积压在住宅底层且并置在一起，极少商业处于二层的情况（旅馆业态除外）。一方面，商业沿主要街道密集排布，给人一种对空间资源需求紧张的感觉——诸如餐馆、美发或者服装零售，因相对面积不足而看起来窄仄，更强化了这种感觉。另一方面，这些商业甚至宁可极大地压缩使用空间，并存于一栋建筑底层，也不倾向于发展二层以上的空间，表现出强烈依赖近地面街道及其人流资源的意图。加之商业进深往往适中，普遍只能占据建筑楼层的局部，以及二楼基本上全部是住宅功能的情况。商业表现出非体量化、贴地临街、类壁龛式的形式序列，且界面外观高密度和多样并置情况的同时，建筑上部的外观相似度非常高。商业受道路等级影响，以及在近地面使用上的极大化特征，可能有管理方面的因素（特别是消防和环卫方面的考虑），也应该反映了人们对城中村的空间识别、认同以及使用上的习惯。

这些商业在空间处理和外观形式上有哪些相似性？

从岗厦的商业空间案例来看，它们在面积、尺度和空间处理上，一方面因为均受到原有建筑的制约，而表现出相似性——原有建筑的平面格局和尺度极为相似，也进一步强化了这种状态。另一方面，以此为基础，商户们在考虑功能使用方式上比较接近，也固化了某些比较"普遍"的空间形式。例如，我们会发现中小型商业空间占的比例非常高（大概在8成左右），特别大或者特别小的空间则比例相对很低。这种情况说明商户在选择功能使用的时候，会有意识地屏蔽掉一些"超尺度"空间需求的可能性——这可能也是为什么城中村内的商业空间类型单一的原因。另外，这些商业往往属于不再需要做进一步复杂空间分割的类型（大致在6成），可能也是基于更便于室内空间自由布局的考虑。相对的，需要有空间分割的功能类型会比较难出现。当然中小型空间的选择本身就和隔间的做法有一些不匹配。如果考虑到城中村商业能够提供的空间往往更为窄仄的现实，面积要求较

低又没有隔间的空间使用方式确实会有较好的适应性。同时，和商业空间大小相匹配的，它们的进深大多比较适中，中等进深或稍深一些的占到近9成（其中中等进深接近6成），很浅和很深的店铺很少见。也就是说，大部分商业保持对街道相对一致的空间延伸程度。

商业空间在外观形式上的相似性，除了受到法规限制的因素，其实也是对上述空间使用的一致性特征的附加表现。例如，大多数商业因为室内空间不足而均有向外拓展的"愿望"。一方面建筑基本上都是紧贴宅基地边界建造，拓建只能在建筑周围的街道上，而另一方面法规严禁对街道任何形式的实际占用，空间的拓展只能选择诸如搭建雨篷和抬高入口这样比较收敛又比较容易操作的简单过渡（这两类操作占所有外围改造形式中的绝大多数）。这两种方式本身做法就比较简单，而且雨篷多数尺度较小，高差又不会很大（这两者也有管理方面的原因），总体上可以认为商业空间外围形式是比较单一的。当然，这也是因为岗厦主要街道界面相对平整，某些城中村

界面复杂曲折的话，则会有更多的选择性——岗厦内部住宅有比较"大胆"的外围改造也从某个角度证实了这种考虑。另外，商业空间的沿街立面选择全开放（仅设卷帘门）或者大面积透明玻璃形式的居多（占所有界面形式的8成以上，其中全开放的接近6成）。在前述商业空间对街道一致的空间延伸度情况的基础上，进一步附加了商业和街道空间争取较高连贯度的特征。这种特征表现出希望街道活动和商业行为互相渗透，模糊两者边界的考虑。还有一点也许和上述两种对商业空间自身外观的观察角度不一样。建筑上部住宅在沿街开设入口，会影响底层商业的排布序列。出租公寓是城中村建筑最主要的使用形式，其使用便利的重要性与沿街商业对等，因此沿街面的使用不会出现住宅出入口完全让位于商业的情况。正因为这样，很多建筑在底层出现商业和住宅入口并置的情况。这样在街道景观上，反映为商业界面并非完全连贯，而是间或被住宅入口打断的状况。

（注：城中村图片作者自摄）

参考文献
[1] 中华人民共和国住房和城乡建设部.中国传统建筑解析与传承广东卷 [M].北京：中国建筑工业出版社，2016.
[2] 马航，王耀武.深圳城中村的空间演变与整合 [M].北京：知识产权出版社，2011.
[3] 深圳市社会科学院课题组.深圳城中村的现状、问题与对策研究 [J].南方论丛，2004，3、4.
[4] 仝德，冯长春，邓金杰.城中村空间形态的演化特征及原因——以深圳特区为例 [J].地理研究，2011，03.

住区更新的理念与培育机制

世界上大部分宜居和充满活力的城市区域并不是设计、建设之初就存在的，而是在历史的进程中逐渐转型而来。正是不断的演化才令它们在某一个阶段沉淀出丰富的生命力。也许所谓的"理想之都"不是基于某一种刻意"设计"的原型城市。或者说，理想之都不一定也不应该存在一个特定的形式，它本身就不是一个静态恒定的模式，而是存在于那些能够适应快速变化的城市形态之中。住区的更新正是这种理解的最好证明。原本单一的居住功能，通过商业化的触媒式进驻或者是文创工作者活动的激发，逐渐引发连锁的转型效应，进而产生城市进化的层层推演，呈现出最初形式无论如何也不具有的生机和吸引力。当代东亚大城市的发展，有意无意地分享着这种动态的更新价值理论和积累路径——其实东南亚城市的情况也类似。这种普遍性使得这些城市表现出与传统西方城市相异的成长方式和与众不同的面貌。事实上，东亚城市虽然历史积累的过程有所差别，但是现在都到了"前一阶段"发展的时限或者边界。当下的城市更新和重建如火如荼地进行着。一方面，越来越多的旧区在全球化推动下，被改成经济价值较高的高层建筑区。另一方面，基于东亚城市文化在全球范围内引起越来越广泛的关注，不同地方化表现之间的竞争日益激烈。市场越发关注重历史社区的改造、文创产业进驻等重建模式，试图通过找出新旧共存的独特街道文化来增强商业竞争力。

在这种大背景下，我们会发现不同城市对于住区更新的理解角度和处置态度上有许多相似之处。首先，对于住区商业化生长状态和积累过程，应当作为城市发展历史的客观组成而被理性接纳。它们不仅从日常世俗化角度使得城市空间层次更加细致丰富，而且从城市文化角度上体现了地方化和本土化的特征。其次，住区商业化确实有不可否认的复杂消极面，也就需要不断调整相应的解决策略。然而，混杂着矛盾与治理状态的基本事实是接受"动态"发展的一个必然侧面。它是目前东亚城市区别于西方城市特征的重要方面之一，也将是很长一段时期内必须面对的问题。第三，对于住区更新与城市未来的关系，应当在约束其消极影响的基础上鼓励甚至激发它的积极因素，使其生长能够与城市整体的规划愿景相互协调甚至配合。这其中包括对于建成环境的调整、改造，以及对于未来可能情况的认知、预判。东亚城市在经过多年的发展和管理经验积累后，已经能够对住区更新的各个阶段作出先导性的判断和介入。特别是对于城市研究者、管理者和建筑业者而言，虽然住区的更新过程是无法预测和复制的，却已经可以被有意识地培育、保护和合理控制。诸如，一些更新的"催化剂"以及它们各自的效能得到了广泛的认同。第一，住区居民和使用者在住区更新过程中的主动角色不可或缺。任何一个丰富且舒适的住区都需要一群用心及主动的社区人群。正如我们在不同城市看到的那样，不同社群的人虽然互不认识，但可以通过创业者的店铺慢慢聚集一种人文创意氛围。或者，具有社区意识的有想法的人们将文化的想象和建筑改建形式联结在一起。还有，住区的新老用户们根据需要对原有环境不断调整和补充，形成热闹且生机盎然的街道景观等。单纯依靠规划师和建筑师的设计活动所带来的多样性始终是有局限性的，不如住区使用者基于自身生活需求而作的空间提升来得更有想象力。民众所显示的改造能量在城市区域演进中是至关重要的基本动力。第二，规划师和建筑师的身份并不应该是住区更新的主导者，而是过程发生的监督者和协调者。设计的介入应该伴随着更新的展开而逐渐参与进来——即现在时常被讨论的"后介入"理论。这是因为任何预先计划的按部就班或者初见端倪就拔苗助长的过度设计行为都将对更新产生破坏力。保持转变过程持续的具有一种

自然自发的属性，是设计介入需要特别注意的问题。设计师的工作主要围绕对转型中住区生活及街道质量进行掌控及把关。充分的理论依据和细致的现场调研论证，会对设计工作的着手产生有益的指引。诸如总体上判断在住区迈向混合使用的过程中，如何保证每一阶段的居住质量，或者细节上考察社区的日常生活不受商业行为的干扰，但又可以从邻近的商业服务获得便利性等，都是非常有价值的控制着眼点。第三，城市规划方法及土地使用限制必须更加弹性，这样才能不断容纳新的经济行为及其带来的各种活动。例如，从上到下逐渐放宽的建筑法规，宏观控制严格而实际运行灵活，利于激发相应自下而上的建设活动。甚至可以进一步设想开放、未完成的建筑模式，让居民可以依自己的需要进行加建或改建。或者规划为改造提供方向性指引，依照每个时期不同的居住密度增长、交通流量和商业行为密集度来设限建筑物成长方式。还有，利用土地制度提供功能变化的可能性，依照不同地段来规划可能出现的混合住区商业饱和度。混合办公和居住的综合配置便于导入不同种类

和时段的营业模式，吸引不同使用群体进驻等。由此看来，规划及建筑限制的弹性其实是在制度层面对城市演化提供"培育环境"，去激发改造能量的产生。

从"培育环境"角度去进一步观察各个城市区域采取的更新策略、发展控制和实际效果之间的关联，就可以明确制度层面的建设不仅仅是规划方法、法规条款的确立和制定，重要的其实是此基础之上对现状的控制和调整、未来愿景的指引。换句话说，规划和建筑限制如何通过制度架构和细节对现实发展施加有益的影响，才是更新机制培养的核心。虽然我们不难发现不同城市因为历史和社会状况的差异，在具体机制运作的指向上会有微妙的选择区别，比如偏重矛盾解决前提下的约束和改善，或者是偏重未来发展前提下的治理、奖励兼具等，但是总体思路和执行框架还是有一定共性的。第一，在住区类型或者属性上给予界定，并在功能内容、规模容量和样态特征等方面给出清楚的定义及规划指标。第二，对规划指导或者发展过程中可能涉及的建筑类型、建设内容，进一步做前提条件的说明及限制。第三，对建筑形式组成的细节要素给出指导或者判定。在这种共性大框架下，会有以下进一步可供讨论、比较和改进的具体规划手段：

1）土地使用分区管理（ZONING）对于住区而言是一种规划基调，但不必是严格的规范。它可以给用地上的建筑物一种使用方向的建议，但应允许一些小型异类的存在，或者说低百分比的其他开放式功能的使用。这样可以包容对未来的一些不确定性，确保在地区经济转型的过程中住区可以容纳多种使用可能。另外，一些噪音度低、亲切的街坊商店譬如咖啡厅以及早餐店等，也可以自由地出现在住区内。

2）土地使用分区管理、建筑法规以及补偿机制或奖励规范属于三套分开并行的机制系统。它们能够有效地互相配合，在不同更新阶段互相弥补不足，才能形成细腻多层次的现实影响。比如长期的土地使用分区管理可以限定住区的综合发展方针，但是补偿机制或奖励规范就可以针对短期需求调整城市规范的内容。整合性的使用不同尺度的城市空间管理工具，才有机会促成兼有宏观区域与微观建筑变化的多样性出现。

3）补偿机制或奖励规范需要适时调整，例如每年、每五年或是每十年进行修正，根据住区的更新速度来制定新的建设限制以及街道条例等等。没有一种规范可以保持永久的"积极"属性。以含混不清或者过于空洞的描述来应对因时间发展而出现的新变化，无论如何也得不到好效果。补偿机制或奖励规范就是在针对一个特定阶段时才可能有预期的价值。反过来看，对住区更新有利的规范是有时限的，此时的鼓励条款可能在彼时就是苛刻的限制。

4）为了鼓励一个充满多样性活动的街道生成，建筑沿街面及人行道的设计必须做用心的设计处理。适合的街道宽度可以允许各式各样路边活动的发生；街道装置、小家具、树木及遮阳物并不是可有可无的配景；沿街立面必须让室内外空间产生互动；适当的门前庭院会使街道更有变化层次；时限性的临时建筑会有意想不到的效果。在住区更新过程中维持不间断的日常活动，是决定社区是否在此过程中受益升级的一个重要因素。

5）根据街道类型设定沿街商业活动的种类可以鼓励各式各样的商业服务业在住区内百花齐放，而不只受限于某一预定的区域，比如只沿城市干道两侧。另外，也可以此来调整商业活动出现的比例和影响范围，因为街道商业活动的增加也并不全是有利的。通常住区的居民会抱怨区内逐渐增加的商业行为对他们带来的困扰。对于这种情况，应该综合协调相应商家营业许可范围与土地使用分区管理。

6）一个住区同时存在混合着居住、商业功能的高层、多层建筑形态，会给予不同社会阶层、不同使用需求的人群共存的空间基础。规模较大的混合住区，一般会针对街块内外的土地价值、建筑状况和功能需求作差别化的商业化更新方案。这对于追求住区的功能混合是积极的，因为提供了使用者不同价位的租金选择。另外，这种大型混合住区也能为新功能的注入提供更具有改装弹性的室内空间尺度。

根据"住区用地形态更新软件"模拟的多种发展情况的比较，还可以补充几点：

7）从保持不断更新的动力及多样性角度，对于新建高层建筑以及在住区内安置独立管理的公共事业应该小心权衡。尽管在更新伊始也许能提供不错的城市面貌，但是基于它们内在的稳定性特征，高层的拆建及公共事业的迁址都不是轻而易举的事情。这里实际上需要规划宏观控制上有更具远见和预判性的总体导向，以及多方协调机制，而不是任由微观零散的开发企业或者政府部门按各自需求做个案化的处置。

8）绿地作为住区中的"空地"被更新征用应该留有余量。对于原本就建设密度很高，缺少发展空间的老旧住区而言，这可能是不得不接受的现实状况。但正因为绿地是很多更新手段容易施展的对象，而且它们的存量对于建成住区而言也十分有限，所以对于绿地的侵占程度其实可以理解为发展余量留存的多少。绿地率的规定对老旧住区的可持续发展同样有积极意义。只不过规定要基于住区现状且具有一定的更改弹性，同时要鼓励例如绿地"占用"补偿的更新形式——尤其是大型或特大型住区，即在别处新辟绿地来予以占地返还。

9）除了商业目的以外的多样更新能量要予以优先考虑甚至保护。

上面讨论的住区更新主要基于商业化的发展。事实上住区中还有许多出于公共层面以提高居住质量为目的的改造、拆建行为，例如公用设施、活动场地、停车空间等。这些更新应优先于商业发展考虑，更重要的是需要留意它们与后续商业发展的关联。住区用地本身的活力会促成商业新发展的多样可能。很多公益性质的空间建设，对相关商业的产生和进化有着意想不到的保育作用。

10）最后再一次强调，私密性和居住质量是更新最基本的考察点，和长久健康积累的保障。舒适的居住是良好住区的核心和前提。住区商业化更新能展示出丰富性的本质，是基于日常生活本身复杂多维的内在要求。住区更新因此与城市公共区域的发展是完全不同的概念。不管更新如何活跃如何成功，如果居住本身不再令人安心，那么最终将导致住区环境的衰败。另外，商业的过度发展会产生对住区机理的反复重写，会抹杀原有多目的性更新的形式痕迹，使得商业原本的多样化特性变得雷同和单一。

（本文由郑采和、杨之懿联合执笔）

用地形态

——

上海历史住区
用地形态更新研究

自上而下及其变更
——上海历史住区用地形态更新研究说明

上海历史住区为了适应新的发展需求，会对原有规划用地的形态做出调整，例如住宅改成商业用途，设施拆旧补新，绿化或空地上的新建，道路和出入口变动，补充和修正停车区域等。发生变动的住区以 20 世纪 80、90 年代建设的大型居住区为主，里弄也有变动的情况，但因范围较小且用地紧凑，变化幅度没有前者来得明显。2000 年以后建设的住区变动性骤然缩小，近期新建"楼盘"已经很难有相对"自由"的变化弹性了。原则上《物权法》颁布以后，住区用地形态更新的可能性如果不是遇上诸如城市建设的特殊情况，应该不会随意出现，起码不会变化得这么频繁。从机制方面来看，改革开放以后经济体系从计划向市场过渡时，许多政策和社会发展的复杂情况是住区用地更新存在和发展的内在因素，例如住宅商品化过程中复杂的产权归属，住区内土地闲置，道路、绿地及公共设施配套滞后，多头行政管理等。另外，比如市场化过程中因为鼓励集体和个体经营，许多住区在短时间催生大量沿街住改空间而导致"一条街"遍地开花等特定外部"事件"，对住区形态发生变化也有很大影响。从现象普遍性来看，一方面这些具备"变动条件"的住区在上海所占比例非常高，另一方面尽管目前许多住区已经在重新细分范围，尽可能明确社区权属，但由于历史遗留问题以及国家土地管理政策等因素的影响很难短期理清，所以这些住区的变动不但在过去二三十年对城市形态产生了基础性影响，相信在很长一段时期内这种影响不仅不会消除而且还会作为上海城市样态一个重要的组成部分持续作用下去。

上海大型居住区内的住宅以单元式多层公寓为主，辅以板式或点式的小高层及高层。里弄则多以联立式别墅为主。两者规划形态基本是南北朝向的行列式布局，类型比较单一。而且以大型居住区为例，除了诸如用地环境等客观条件的区别，在技术指标、配套设施以及与城市关系等方面的处理也都相近，只是在具体布局及建筑形态方面有些差异。里弄建筑在规划方面的一致性更为明显，更多的是通过间距反映出来的建筑密度差异。这两类住区在建设阶段的肌理非常相似——既明确又有些单调的整齐划一的形态模式。虽然理论上后续种种更新应该属于这个共同形态基础之上的变形发展，然而实际操作层面，因为变动需求并不单纯来自社区住户的个体或其总和，可能是街道、地区、城市层面的各级企事业单位。所以，住区内变动的目标可能是城市基础设施、市政配套、商业办公、市场零售、工厂企业等，五花八门的变动很难保持住区在序列、尺度、场所、流线等形态基础方面的稳定不变。住区形态更新的量化积累逐渐使得原本整齐划一的模式发生转变和异化。有些变动甚至很难再分辨出原有行列式模式，而表现为一种高度混杂的拼贴式规划形态——拆建规模较大的居住区就属于这种情况。那么几乎完全异化的住区

用地形态和尚未发生变动的部分，是否仍然可以享有共同的形式基础，对于城市是否仍能产生某种"集合性"影响，更重要的是，这里所说的形式基础和"集合性"影响是否能够包容住区形态继续变化发展，其中限制与影响下的群体变化特征又怎样理解？自上而下（Top down）及其变更（modification）是研究用以具体展开的两个互为对照的主要线索。

自上而下（Top down，以下简称"上"）指住区以南北向行列式布局为基本模式，根据场地条件与边界、周边城市架构与环境、住区功能配置及分解等差异而做出的"具体设计"。除了特殊性因素外，其规划、建筑要素大致相同，不同的只是对于各要素处置的选择及分寸把握。正是"分寸把握"产生出作为后续更新前提的"框架"差异。这里以限制与条件为关键词会更为明确一些，因为对形态可否及如何发生变动而言，个案差别背后隐含的积极或消极因素至关重要。"限制"对应消极的束缚和界限，"条件"对应积极的限制松动和操作弹性。"上"的定义偏重住区原初使用单一类型模

式，从而表现出案例间形式基础的同质化特征。因为这种特征还没有因为后续形态发生大量变化而分崩离析，仍然可以作为有效的大背景或者比照系统，所以姑且以"上"作为其中一个参照点。正如上文提到的，在没有城市建设等特殊情况下，通常建成的住区可变性是很小的，无非是住宅单元在各自产权范围内出现功能置换或小幅拓建，或者公共设施在用地范围内适度增建、改造。对于住区变化而言，这种情况就是限制最大而条件最小的情况。无论何种原因导致"更大幅度"的住区形态更新，我们都可以看作原有的限制和约束向改造需要放出条件。这不仅指限制减小、条件增加的情况，同时也包括限制发生指向性变更的情况。例如公共建筑的扩建超出规划用地范围，不应该看成用地放宽，而应解读为用地边界的调整——这一区域的用地形成一种新的关系。限制只对改造部分提供条件，未改造部分仍然受原有"上"的要素约束保持不变。上海住区行列式布局下建筑密度大多比较高，通常布置住宅单元的区域很难出现较大变化，大部分涉及拆建的形态更新都是围绕住区公共用地和公共建筑展开。也就是说，住区更新的条件有相当一部分由公共区域提供——存在更多可供放出的条件，比如集中绿化有无和面积大小、沿街商业建筑的布局形式和用地范围、社区内公共建筑和设施的数量和规模、道路构架和宽度等，都可能对后续更新的整体形式起到决定性作用。调研发现，在绿地内新建建筑是绝大多数大型住区内的常见现象。里弄社区因为用地紧张没有集中绿化也就不具备放出绿化作变动的可能。不仅如此，大型住区往往有多块集中绿化，放出位置的选择也会对变化后的住区形态产生影响。这样，变动的公共部分和基本不动或发生微小变动的住宅单元序列保持拼合并置，这就是作为先决条件的限制放出变更弹性，并和剩余部分组成新关系的常见样态。另外有两个值得注意的条件，一个是住宅单元区域内诸如建筑轮廓、间距余量、道路位置、宅间绿化形式等这些很多时候看似不起眼的因素，通常只能提供一些微小变动的契机，但是也有可能在受到城市建设干预的前提下，对变化的结果起到重要作用——比如住宅单元本身发生拆建时，间距尺度会为后续新建建筑的数量、体量产生影响。另一个是住区内拥有独立且固定用地范围类似"核"的区域（以下简称"核"），如幼儿园、小学、社区医院、政府机构、企业等。它们有些是先于住区存在的，有些是必要的配套，有些只是划出相应范围而已，总体上比一般公共建筑更为远离所在住区控制。但是因为形成紧密接壤甚至发生包含关系，"核"发生变化时总有些部分与住区发生互相影响，所以也应纳入限制和条件转化的讨论。最后，需要特别强调来自城市需求以及政府指令对住区形态更新的绝对影响。如果前述种种变化还是住区各种要素的变异、重组甚至"再生长"，可以称之为住区为适应新需求而作的自身"进化"的话，那么受到指令影响而发生的变更则完全是由另一套自上而下做法引起的突变。正如可以决定住宅单元拆建一样，指令作用在住区变化上的效果是根本性的，与住区原来的限制条件可能毫无关联也无法预测。然而因为此类突变往往在局部实施且很少是颠覆性的——如果不是住区全部拆除的话，这是其一；许多住区确实受到此类突变的干扰，不得不考虑它们在城市层面的整体影响，这是其二。所以也应该将其作为一项特殊条件来讨论。

从住区用地更新的普遍情况来看，出于集体（无论哪个级别）而非私人目的的调整更为常见。住区的种种变化可以看作"上"（带有差异的模式）的使用变更（modification）。相比住改空间（以下简称住改）"一次性"给定"上"的所有要素（即哪些可变哪些不可变），以及改造时可"整体"考虑、自由选择而言，住区更新的条件和结果都相对复杂：一方面取决于对"上"的限制放出条件做何种选择——不仅时间上往往是多次，位置也可能是多处；另一方面，不同集体需求虽然指向性明确但独立性很高，互相很少产生直接关联。于是，住区更新的随意性和模糊性都大为增加。现象上杂乱无章以致无迹可寻也就不难理解了。从上海的情况看，如果人们对住改空间还能有大致清楚的印象，对于住区用地更新的判断就比较困难。从积极的一面来观察，如果住区后续更新的种种"乱象"是原始规划的考虑不足，或是过渡时期体制层面的缺陷和混乱造成的，那么尝试去重新界定和细分约束，并针对实际使用需求做出"修正"努力，确实是有益的，这是其一；以大型住区为例，无论社区内部功能运作、外部城市环境以及两者关系都无法保持静止不变，必须提供新的形式平衡来协调。比如老龄化对设施（社区公建改造成养老院）、场地（集中绿化改造成硬地活动）以及道路（行车道路的控制和流线安排）的要求，城市商业化对沿街商业的容量和样态（建筑密度提高、体量增大以及功能复杂程度加深）以及社区内部形式的影响（住区底层的多样商业改造）等，从适应人们生活方式的改变以及促动城市发展来看，都有实际价值，这是其二。住区形态更新基本都是在局部发生，又以局部"拼合"的整体面貌出现。"拼合"是指住区不同位置的用地在发生建筑或者场地形式变化后重新整合：一种是保持用地属性不变而单纯是建筑或场地形式的改变，例如公共建筑扩建或者在集中绿化内增加一些活动硬地等，即变化在原有规划基础上发展；另一种是用地属性发生变化，即规划用地重新调整后引导新的建设，例如拆除公共建筑后新建住宅，在绿地上新建建筑，住宅改成商业空间等。

事实上，后一种情况发生的机率、强度往往比较大，效果也更显著。除了较直观的"实体"变动外，还应注意到一些"附带"变动，如新增建筑需要配道路，建筑规模缩小后会放出用地，沿街建筑、场地发生变动后区域边界随之调整等。此类可称之为场地架构或肌理重整的部分，虽然不是显见部分，却提供了不同于"实体"变化的另外一些琐碎却细腻的补充。除此以外，还有两类变更也会对拼合的形式产生影响——住区中独立使用的"核"和城市外来干扰。考虑到这两个部分本身的复杂性以及与住区的关联程度，考察方式应有所不同："核"的变化仅纪录与住区相关的部分，如放出多少用地补充给住区，或将住区局部并入自身等，变动前后保持独立的部分不作讨论；划入城市用地的部分，仅作总体性记录——是公共建筑还是硬地等，用地内部的多样性不做讨论。

作一简单回顾：不同住区以带有差异的相似模式为前提，根据新的需求放宽特定区域限制以提供改造条件，后续变动不仅会在建筑层面，也会在场地调整以及涉及相关影响的细节方面产生和发展。至于变动效果，一是与"上"作为限制提供的条件多少，也就是总的可变容量（capacity）有关。比如住宅单元的更新，通常是产权范围内的功能置换或小幅拓建。这种变化作为个案并不引人注意，但是需求增加且条件允许，变化的积累就非常可观。条件放出越多，可变容量越大。虽然有放出条件的范围很小但后期变更强度很大的情况——如出现高层或大体量建筑，其局部的效果比放出的条件多但是改造幅度比较小的案例来得明显，但从整个住区用地肌理转变角度看，仍然是后者更为本质。变动效果也与改造牵涉其他因素的多少，即变更关联度（interdependency）有关。住区内特定区域建筑及场地的转变有些类似"零件"替换。虽然更换零件的质量和数量积累，已经可以对住区整体产生影响，但是其"重塑力"还与它们和周围环境发生"对接"的状况相关。例如为增加新的住宅单元而拆除原有公共建筑时，不仅建筑的体量和数量有变化，而且新建单元的场地及道路需要与住区构架嫁接，场地边界和局部道路流线便会发生重构。这就

比沿街商业用地的更新情况隐晦复杂。当然，此类更新也需要有"足够"的可变容量。可变容量和关联度互相缠绕的关系，反映了住区更新的特征："上"对于变更不存在所谓的界定或者"绝对"保留不动的基本参照点，因为原则上任何限制都可以放开——正如大规模拆建的住区案例所显示的那样。更新无法在整体上把握空间重组和新功能使用间的平衡，只能看作局部基于"多指向性"目的发生变化，并且不断叠加的形式总和。同时，局部变动不是同一时间发生，所以住区用地形态更新现象其实是一系列变动间某个时间点的呈现。它并非固定不变的"结果"，也无法对后续变化给出提示——变动会和新的条件生成组合出现，发生的位置和方式也不得而知，因而同一个住区的形态"进化"在达到"终极改变"（全部拆除重建）之前，总是不确定的。

住区用地形态更新是体制改革背景下一种有着特定内涵和路径指向的城市更新。上海很多住区都是一个独立街块，大型居住区可以覆盖城市的整片区域。它们的变化反映了原有统

一建设、管理下的封闭式街块（尤其是大型住区）向市场化、社会化的开放社区转变过程中，用地细化和功能重整的发展诉求，是某种"大""整"规划的消解与"小"局部重建的混合并置——街区拆解前提下的形式弹性替换。这种以"变更"（modification）为特征的空间变化，将城市公共建设与住区两者更新在诸如变动性或者约束程度方面的差异显现出来。除了特别情况，大多数条件下住区中发生的变化还是以改为主，结合小幅拆建，这样一种微妙甚至不易察觉的方式在进行。对现有基础的修正和调整是住区用地更新的基调。由这些小小的确定的局部形态变更，整合成总体肌理不确定的异化和变型，是住区更新的核心内容。以此为基础，研究关注的是，一方面，局部变化是否可以从个案差别中提炼出来，归纳成某种普遍规律，这样不同的操作法之间就有可能产生排列和比较，甚至有条件去思考对于整体形态发展的导向性。另一方面，基于相同规划模式的相似肌理，在更新中采用这些操作法时，剩余部分是否及如何做出相对应的附加"配合"，从而将变更的倾向性强化放大出来。最终，能否从"杂乱无章"的表象中拆解出一个比较清楚的解读体系，以此表征上海以及类似城市在进化发展中没有刻意使用但却实际存在的类型和方法。

2.2

上海历史住区
用地形态更新
15 例绘录

15 个住区样本的绘录

研究绘录了 10 个 "新村" 案例和 5 个里弄案例。主要筛选原则一是变化的多样性和典型性，二是能够适当反映不同城市片区的发展情况。"新村" 案例建设时间比较接近——基本是 20 世纪八九十年代。这批案例不仅在短短二三十年间积累了大量变动（它们目前都处于内环附近，地处 "市区" 使其有更多契机来呼应城市快速发展），而且由于地处不同区域，受到发展定位、环境尺度、消费结构等诸多因素的影响，变动特征呈现出不少差异。总体上看，"新村" 案例几乎涵盖了我们能够观察到的所有用地更新现象，提供了充足的 "样本" 资源。5 个里弄案例都在市中心市级商业街道附近。受限于规模和历史保护原因，它们从变动范围和复杂性上远不如 "新村" 案例。但是因为里弄案例所处的城市环境太过特殊，确实培育出某些不太常见的变化。除了用地紧张、需求多样催生的极端情况外（例如在原有道路上加建建筑或者绿地，这是在 "新村" 案例中很难见到的），选择里弄案例的另外一个原因是它们没有一个可以形成独立街块——这和 "新村" 案例绝大多数都是独立街块恰好相反。里弄案例不得不和周边城市环境黏合在一起。市中心城市环境的剧烈变化不仅直接反映在案例周边肌理和尺度的变化上，也通过沿街和内部商业化转变间接体现出来（如沿街住宅整栋置换成商业或拆建成公用建筑，以及类似情况发生在住区内部等，也在 "新村" 案例中很少见）。所以尽管两类住区提供的信息不在一个数量级，里弄仍然是必要的调研对象。

绘录方式上有几点说明：第一，案例中的变化肯定不是在同一时间发生，会有一个过程，但是研究不会去区分时间积累的因素，而是把它们作为一个共时的结果。第二，调研时信息收集的方式是参照原始资料去核对、记录所有差异的部分，分析会根据需要将其归纳到某种具体地块作分类处理。这种分类是否完全符合实际并不重要，我们关注的是变化叠加在原始设计上所产生的形态影响。第三，绘录会将原始设计图纸和现实情况作对比，同时希望在三维效果上作比照。

案例绘录

案例 1　北京西路 707（1907）

原始设计：带花园的假三层联立式别墅。小区北侧沿城市道路有小块集中绿化，东侧为临街商铺。

更新后：

- 外部：西侧新建高层办公楼，建筑周边设停车场；南部为购物中心；西南角沿街为商铺。

- 内部：北排别墅的花园改为小区公共绿化，并增建了公共服务用房，如便利店、教育中心和街道办事处；西北角为小商铺和物业，西南侧外部也有商铺，原西侧小区道路和出入口已消失。

- 周边：地处城市核心商圈，南侧为城市主要商业街上的后巷。离地铁站较近。房价 5.1 万 /m²（地段均价 5.31 万 /m²）。

注：
房价来自安居客网站 2015 年数据，意在了解社区所处大致地价水平，其他案例同。

┃ **1** 原始设计平面
┃ **2** 更新后的住区平面

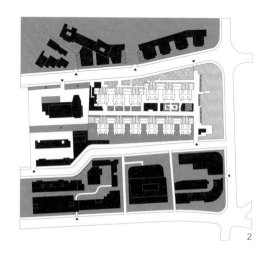

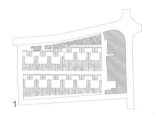

1

2

1 观测点位置图示
2 更新后的住区轴测
3 A 观测点更新后街景
4 B 观测点更新后街景

1

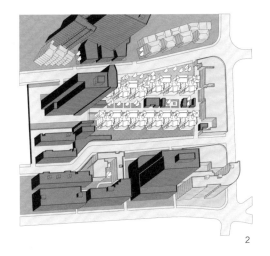

2

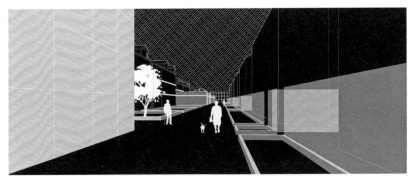

3

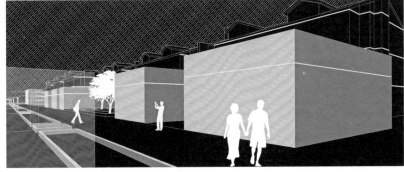

4

原始设计：由"四明"和"模范"两个独立社区拼合而成。均为带小天井的三层联立式别墅。北侧为城市干道，沿街中段有一面积较大的独立别墅嵌入用地。西侧"四明"社区的用地规整，其西面为带大面积绿化的独立式别墅；东侧"模范"社区用地边界复杂，其东南面相邻建筑群比较错综复杂。两条南北走向的主路穿过各自社区的用地。四明村的这一条直接连通社区南北侧城市道路，模范村这一条的南段则要借助相邻社区的道路才能接达南面城市道路。

更新后：

- 外部：北侧道路拓展拆除部分用地内的住宅；东侧原多层建筑群全部拆除，新建筑以高层住宅为主；西侧旧建筑拆除面积不大，主要利用原有绿化用地，建成新的住宅区和学校；北面的花园别墅改造为饭店，有部分加建。

- 内部：北侧沿街的部分住宅改为商用。"四明"内没有特别的停车区，"模范"沿南北向主路设路边停车。

- 周边：北面邻城市主干道、高架路，南面为环境舒适的市中心支路。离地铁站有一定距离。房价"四明"7.3 万 /m²，"模范"5.45 万 /m²（地段均价 5.05 万 /m²）。

1　原始设计平面
2　更新后的住区平面

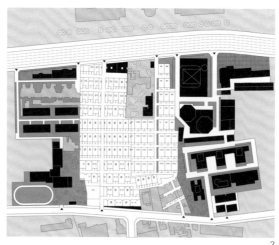

1

2

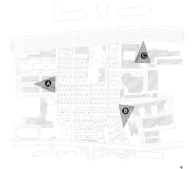

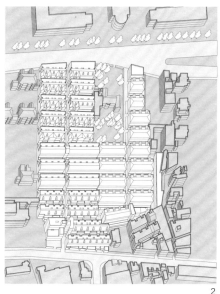

1 观测点位置图示
2 原始设计住区轴测
3 更新后的住区轴测

1

2

3

1

2

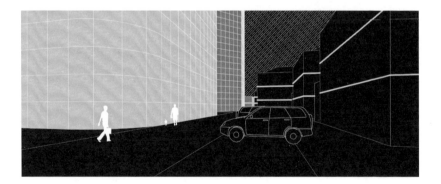

3

1 A 观测点更新后街景

2 B 观测点更新后街景

3 C 观测点更新后街景

原始设计： 带小院的三层联立式别墅。北侧接城市干道，东南两侧为支路，均有带过街楼的出入口。沿街的部分单元底层设商铺。

更新后：

- 外部：西北角新建商业设施，包括百货、专卖、酒店和办公，用地北侧部分建筑拆除，通过商业建筑的过街楼连接到北面道路；西南角为学校和银行，后者有对本社区的内部入口。

- 内部：东南两侧原有商铺进一步加强，南侧沿街住宅的花园改造为商铺；东南角出入口为主要车行入口（北面出入口为人行入口）；沿小区内主要道路设路边停车；与北面另一个社区的围墙拆除改为绿化，两小区互通。

- 周边：地处城市核心商圈，用地四周道路均为城市商业街，西北两面以购物中心和专卖店为主，另两面主要是自发形成的小商铺。紧邻两个地铁站（两条线路）。房价 8.8 万 /m²（地段均价 6.04 万 /m²）。

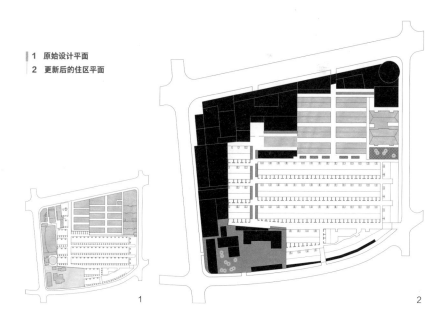

1 原始设计平面
2 更新后的住区平面

1

2

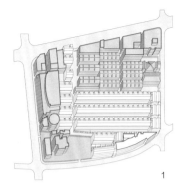

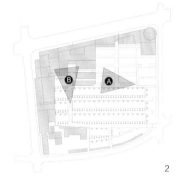

1

2

1 原始设计住区轴测
2 观测点位置图示
3 更新后的住区轴测

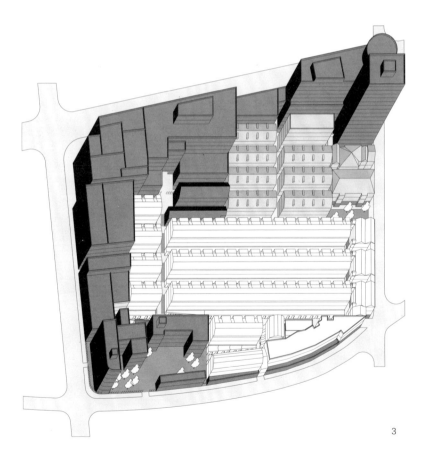

3

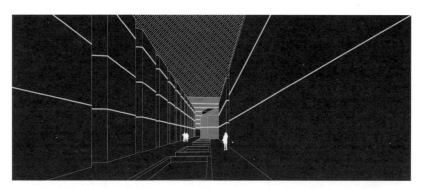

1

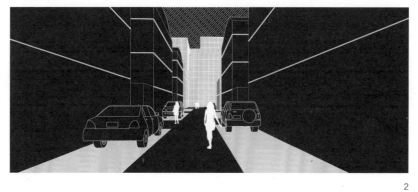

2

1　A 观测点更新后街景
2　B 观测点更新后街景

案例4 大胜胡同（1930）

原始设计： 带小花园的三层联立式别墅。仅西侧邻城市道路。用地中心有不属于本社区的独立式别墅（进入需穿过社区）。本用地边界曲折。

更新后：

- 外部：北面的道路拓宽，对场地所属街区的边界有裁切，拆除部分旧建筑辟街心绿地；东侧新建饭店和住宅；西面是多家星级酒店；西南角新建多层商务楼和零星住宅，南面变动不大。

- 内部：西侧的人行道拓宽，加建公交站点，沿街的住宅底层全部改为商用，主要是酒吧；用地中心的花园别墅区属两家单位共用，增建数栋住宅；小区内补充了部分公共设施用房，新建一座小型商务楼。

- 周边：地处城市核心商圈，西面是星级酒店区，越过北面城市主干道、高架路是购物中心及公园，离地铁站有一个街区的距离（两条线路）。房价 6.3 万 /m^2（地段均价 5.05 万 /m^2）。

1 原始设计平面
2 更新后的住区平面

1

2

1

1 观测点位置图示
2 更新后的住区轴测
3 A 观测点更新后街景
4 B 观测点更新后街景

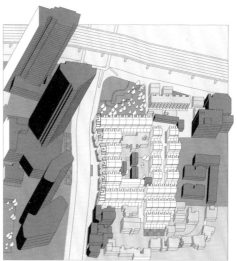

2

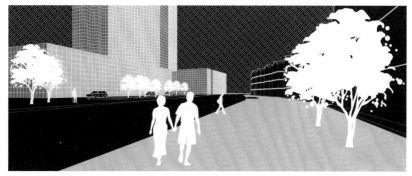

3

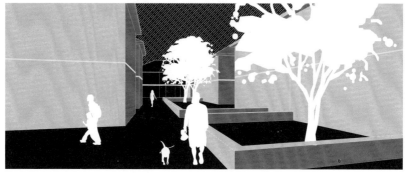

4

1 C 观测点更新后街景
2 D 观测点更新后街景

原始设计：由二层或三层带花园的双拼和联立式别墅组成，双拼别墅花园较大。西北两侧为城市支路，均设开口。用地东南两侧紧贴周边社区，边界复杂。

更新后：

- 外部：西北侧新建医院，东侧毗邻地块拆除旧建筑新建一个多层社区，其余周边环境变动不大。

- 内部：北侧沿街部分改做商铺，并有小幅加建；东侧几座零星的住宅被拆除，配合建设新的社区；西侧有住宅整体置换为商业用途；南侧原有住宅的花园缩小范围做重新划定，沿街增建公共事业用房，内部则新辟一个由 3 栋多层住宅构成的小社区；小区内设少量路边停车。

- 周边：西北两侧均为环境舒适的市中心支路，离城市核心商圈及地铁站（2 条线路）两至三个街区的距离。房价 7.6 万 /m²（地段均价 5.66 万 /m²）。

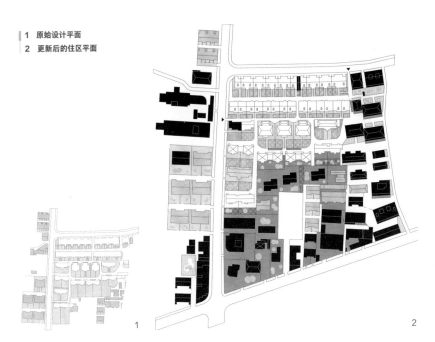

1　原始设计平面
2　更新后的住区平面

1

2

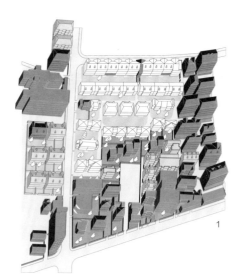

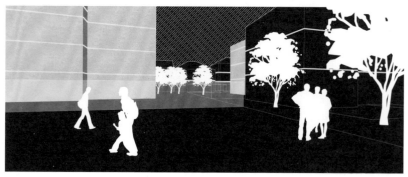

原始设计： 本街区高层和多层混合布置，除了用地北侧点式和板式高层的集中区域外，西南角也安排了3栋。沿场地北面道路有较大面积的集中绿化，应属于市政设施用地。沿绿化布置有连续的公共服务建筑。街区内部有多所学校。

更新后：

– 拆建：北侧公共建筑基本全部拆除，新建筑功能混合多样，面积更大层数更多，包括餐厅、家电城、邮政、住宅、办公。相应的沿道路绿化也作了一定的调整。沿东侧道路的两所学校都有不同程度的扩建，中段的原小型公共建筑也被清除，建成高层及多层住宅。

– 改建：沿南侧道路的所有住宅底层都改做商用，局部的改建发展到三层。小区南侧依托住宅增建了部分公共设施，如变电站和社区诊所。

1　原始设计平面
2　更新后的住区平面

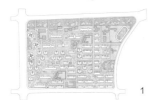

1

2

- 绿化：高层周边部分绿化改为停车场以及活动场地；中部一块绿地辟为网球场并建附属用房；西南街角的绿化改为小广场，方便路人使用。
- 范围：北部几栋点式和板式高层住宅辟为独立的社区；沿北侧道路的两座高层以及东侧道路中段的新建建筑各自形成小型社区。
- 道路：配合北部商办建筑调整，部分道路及出入口消失，部分道路变成建筑周边硬地；东北角学校扩建吞并了学校南面的小区道路；原小区东南角入口废止，新辟绿化用地作出入口。
- 停车：高层区局部绿化改停车，其他主要是路边停车。
- 周边：为紧邻内环成熟的大型社区，北面有包括超市、家电城、家具城在内大型商业中心，西侧为城市干道，离地铁站有一定距离。房价 3.5 万 /m^2（地段均价 3.53 万 /m^2）

1 原始设计住区轴测
2 更新后的住区轴测

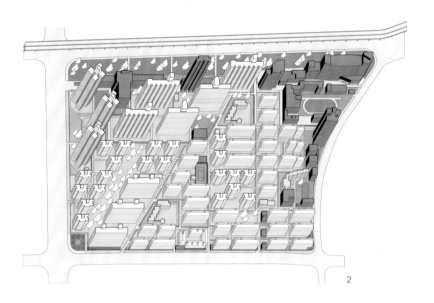

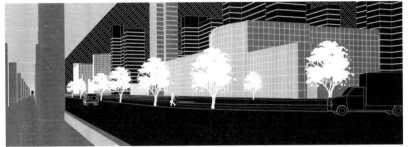

1

1　A 观测点更新前后街景
2　B 观测点更新前后街景

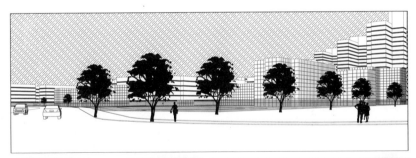

2

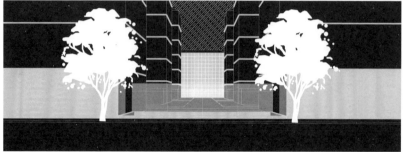

1

1　C 观测点更新前后街景
2　D 观测点更新前后街景

2

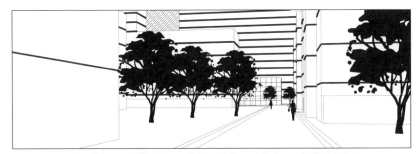

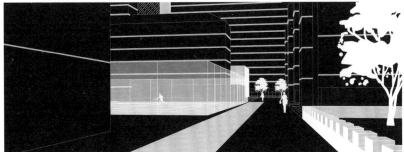

1　E 观测点更新前后街景
2　观测点位置图示

1

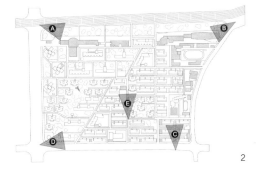

2

原始设计：本街块范围不大，全部为多层住宅。小区中心布置有学校和公共服务建筑，附带集中绿化。沿东侧城市干道有地区行政管理中心。另有一所小学安排在北侧。

更新后：

- 新辟：完全新建的部分只有沿西侧道路的商铺，本来为住宅周边绿化。

- 拆建：小区中心的公共服务建筑被 3 栋多层住宅替代，周边绿化一并重整；西北角拆除了 2 栋住宅用于建造小型综合体，包含市场、办公、超市等功能；沿东侧道路的原居住区中心改造扩建为以公交终点站为核心的多功能小建筑群，主要是餐饮和休闲；北侧的小学也有小幅拓建。

1　原始设计平面
2　更新后的住区平面

1

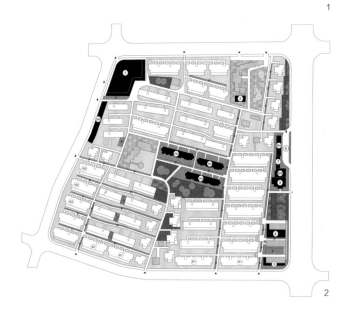

2

1 原始设计住区轴测
2 更新后的住区轴测

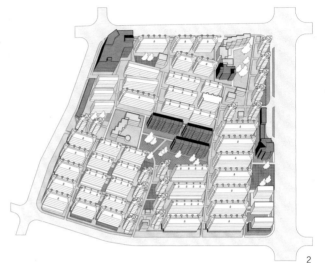

– 改建：沿南侧道路的一些住宅底层改作商用。

– 绿化：除了小区中心的绿化变动，东侧沿街绿化做了重新安排，其中一部分改
　 为硬地以供公共活动。另有一些宅边绿地改做硬地，零星分布在小区里。

– 道路：尽管道路并没有作太多变动，但是由于穿过中心绿地的道路被封闭作为
　 步行区，交通流线稍有变动。

– 停车：集中于几个区域的路边及宅前停车。

– 周边：为内环内成熟的大型社区，邻地段商业中心，东侧为城市干道，离两个
　 地铁站（为两条线路）各有一个街区的距离。房价 3.7 万 /m² （邻东侧城市
　 道路的部分略贵 3.8 万 /m²，地段均价 3.53 万 /m²）

1　A 观测点更新前后街景
2　B 观测点更新前后街景

1

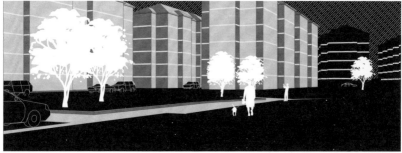

2

1 C 观测点更新前后街景

2 D 观测点更新前后街景

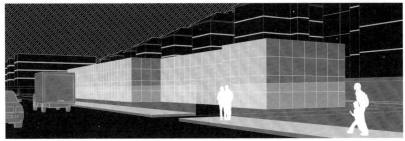

1

案例 8 曲阳新村（1978-1989）-3 街区

原始设计： 除东北角有 2 座小高层外，本街块全部为多层住宅。西南角为居住区商业服务中心，包括商业、服务、文化馆和一些管理行政建筑，形成一个独立的小型街区。沿南侧道路中段布置有公共事业单位用房，沿北侧道路中段设综合市场。街块东南角为两所学校，形成最大的集中绿化。

更新后：

– 新辟：1）商业服务中心内部绿化建成花鸟市场；2）东南角学校周边绿化地新辟 1 栋高层住宅和几幢商务楼。

– 拆建：原有公共建筑基本全部翻新或拆建：1）商业服务中心街块出现 2 座高层住宅，沿南侧道路的公共事业单位用房布局变化，新增 2 座多层住宅；2）其他公共建筑大多体型外扩，但建筑高度基本不变。

– 改建：沿城市或住宅区之间道路的部分住宅底层改作商用，和新建的商铺一起形成"商业一条街"（局部为带隔离栏的步行街），商业服务中心周边此类改造较明显。

- 绿化：几处绿化改为硬地以供公共活动，北侧综合市场周边面积较大。
- 道路：街区中间的城市道路设公交车终点站。
- 停车：小区内道路和住宅周边设路边停车。
- 周边：为紧邻内环成熟的大型社区，内有地段商业中心，西侧为城市干道，离地铁站有一个街区的距离。房价 3.5 万 /m^2（邻商业中心的新建高层略贵 3.7 万 /m^2，地段均价 3.53 万 /m^2）

1　原始设计平面
2　更新后的住区平面

1

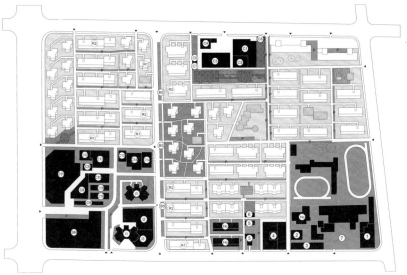

2

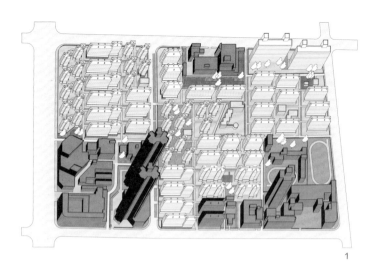

1　更新后的住区轴测
2　原始设计住区轴测
3　A 观测点更新前后街景

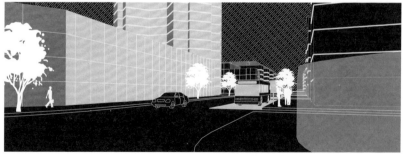

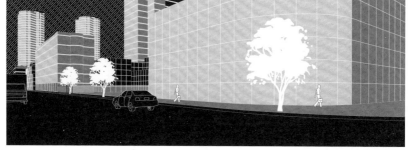

1

1 B 观测点更新前后街景
2 C 观测点更新前后街景

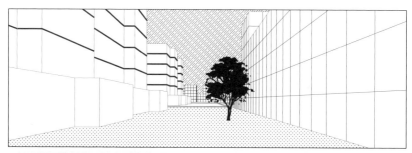

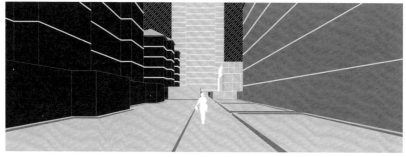

2

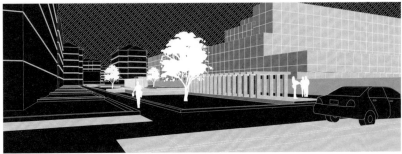

1

1　C 观测点更新前后街景
2　D 观测点更新前后街景

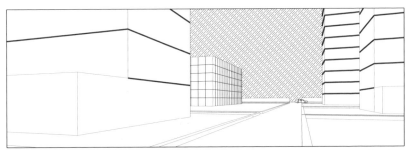

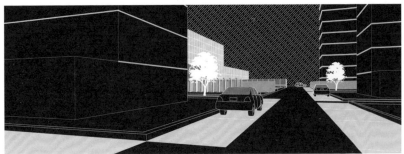

2

1　观测点位置图示

1

案例9　曲阳新村（1978-1989）-4 街区

原始设计： 本街区多层住宅为主，西南街角附近布置有几栋小高层和高层。西北角为地段医院，沿北侧道路中段有学校，南侧道路高层住宅以东沿街布置商业和公共服务用房。

更新后：

- 新辟：北侧学校范围重新划定，辟出用地新建 2 座住宅、1 个培训中心和垃圾站；小区中部原有绿化用地增建若干住宅；小区东北街角绿化处建商业服务，小区内几处集中绿化内加建老年活动中心和居委会。

- 拆建：沿南侧道路建筑变化较大。西南角一座多层住宅被拆除，用来作为地铁入口和广场。沿街商业建筑拆除，加建 3 栋住宅和 1 个活动场地。

- 改建：北侧道路靠近居住区商业服务中心，大部分住宅底层改作商用。

- 范围：本街区西半部分的小区范围作了重新圈定，高层、小高层及点式多层设独立的社区，剩下的部分和东半部街区为一个大社区。

- 绿化：小区内几处绿地除加建建筑外，硬地作了配套改造以供公共活动。
- 道路：小区中间配合绿地改住宅的建设，对周边住宅的道路作了重整；沿南北侧道路住宅加建后，新增部分小区道路和出入口。
- 停车：小区内道路和住宅周边设路边停车。
- 周边：为内环内成熟的大型社区，紧邻地铁站，西侧和南侧均为城市干道。房价 3.5 万 /m²（西侧高层略贵 3.6 万 /m²，北侧多层 3.4 万 /m²，地段均价 3.53 万 /m²）

1 原始设计平面
2 原始设计住区轴测
3 更新后的住区平面

1

2

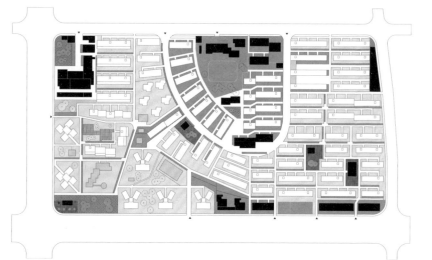

3

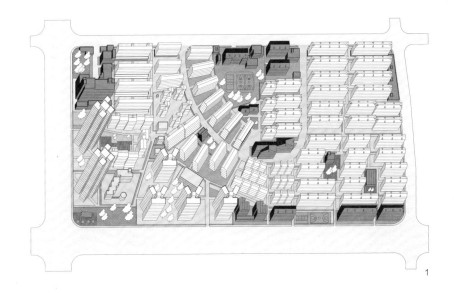

1 更新后的住区轴测
2 A 观测点更新前后街景

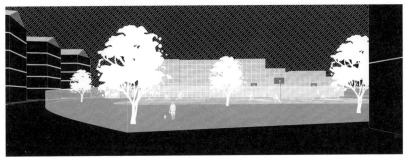

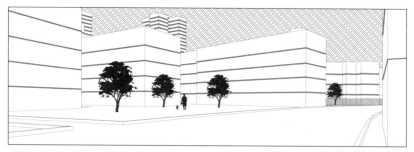

1　B 观测点更新前后街景
2　C 观测点更新前后街景

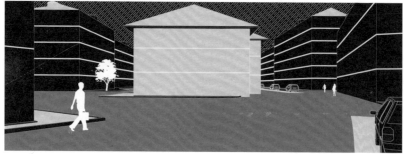

1

1　D 观测点更新前后街景
2　E 观测点更新前后街景

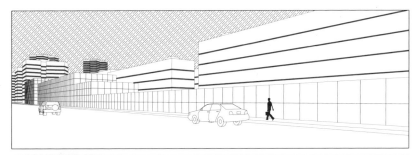

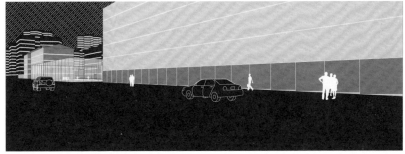

2

案例 10　丰镇小区（1985-1990）

原始设计： 本居住区范围不大，但因为场地并不规整所以布局略显复杂。用地中部有铁路线贯穿东西，同时有南北向城市道路，将场地分为大小 4 块。西北地块中含一个地段医院及其附带的集中绿化；东北地块住宅建设比例较小，主要是商业服务和幼儿园；西南地块中部安排了中小学；东南地块用地零散，根据地形布置了一些住宅。西侧的两块用地是本居住区的主要载体，全部是多层住宅，东侧两块规划了高层住宅。

更新后：

- 新辟：新建主要发生在两处：1）原铁路部分成为新的住宅用地，不仅发展出一个狭长的新社区而且将西侧南北两块用地连接起来；2）原地段医院的绿地分离出一块作为新的住宅区，包含一栋高层和多栋多层住宅。另外，医院本身也作了大幅加建。集中绿地被密集的建筑群取代。

- 拓建：沿南北向城市道路两侧的公共建筑都有不同程度的拓建；中学主体建筑在沿街一侧也作了扩展。

- 范围：由于公共建筑的布局以及铁路线的影响，目前这个居住区实际上是多个社区的拼合，除了局部几个小区由小门互通之外，各自有独立的对外出入口。

– 道路：除了新辟的居住区补充的道路和出入口外，基本沿用原有的道路布局。

– 停车：新辟的居住区有预设的停车位，老住宅区内的道路和住宅周边设路边停车位。

– 周边：地处中环以外较成熟的居民点，离地铁站有一定距离。房价 2.8 万 /m^2（中部新建小区略贵 3.1 万 /m^2，地段均价 2.93 万 /m^2）——注：来自安居客网站 2014 年 9 月数据，意在了解社区大致居住水平，以后所有小区说明同。

1　原始设计平面
2　更新后的住区平面

1

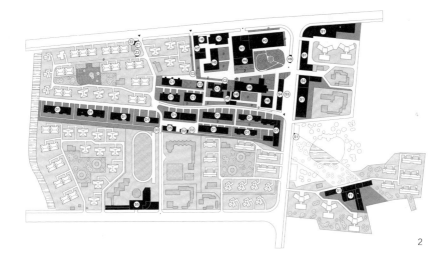

2

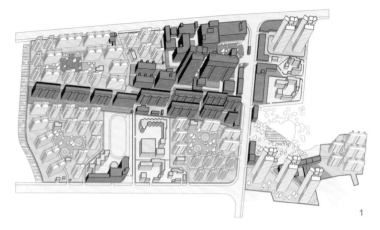

1

2

1　更新后的住区轴测
2　原始设计住区轴测
3　A 观测点更新前后街景

3

1　B 观测点更新前后街景
2　C 观测点更新前后街景

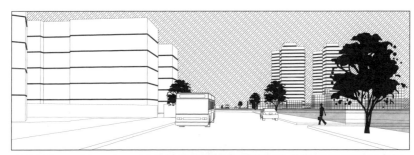

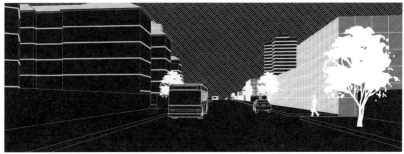

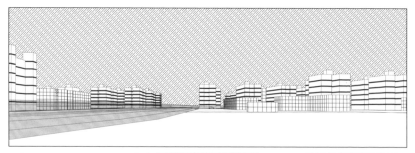

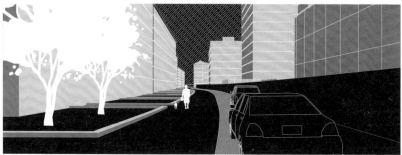

1

1　D 观测点更新前后街景
2　E 观测点更新前后街景

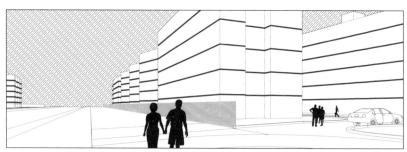

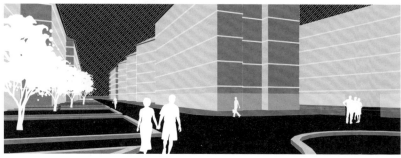

2

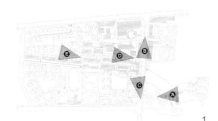

1 观测点位置图示

案例11 沪太新村（1983-1992）-1街区

原始设计：本地块因为北面与大型厂区堆栈、西面和公共事业用地比邻，不能算独立的街区，由几块边角用地拼合而成。以多层住宅为主，东北角窄长用地安排了3座高层。用地内有养老院、行政办公以及学校等公共建筑，并都附带有集中绿化。南面道路沿街布置商业用房。

更新后：

– 新辟：原有的公共建筑用地内均利用空地作了大幅加建；西南绿地划为医院用地，建造了住院楼和教学楼；从东南街角沿东侧道路断续增建了沿街商铺。

– 拆建：原南侧商业设施全部拆除，一部分新建带底层商铺的多层住宅，一部分改做医院道路及停车场地；东侧中部的小型公共建筑拆除，用地重整用以建造住宅、宾馆、商铺。

– 绿化：小区部分集中绿化改为硬地以供公共活动，一些公共建筑周边绿化改为硬地方便交通。

– 道路：配合南侧和东侧沿街建筑改造，关闭和新辟了部分道路和出入口。

– 停车：除了绿化改停车，局部设路边停车。小区中部设自行车棚。

– 周边：内环外成熟的大型社区，离地铁站较远，北侧紧邻城市干道。房价3万/m²（地段均价3.49万/m²）

1 原始设计平面
2 原始设计住区轴测
3 更新后的住区平面及相关使用信息
4 更新后的住区轴测

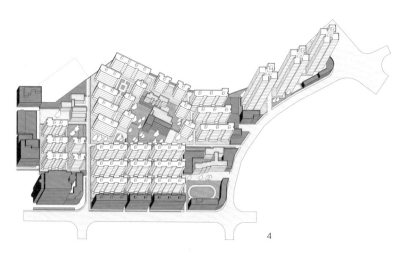

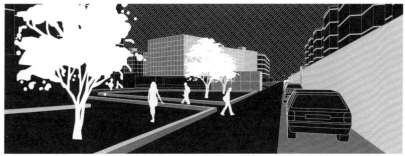

1

1　A 观测点更新前后街景
2　B 观测点更新前后街景

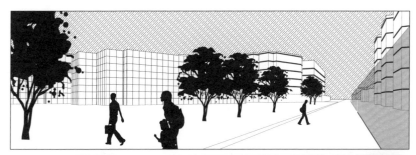

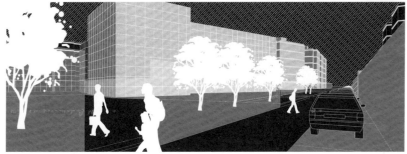

2

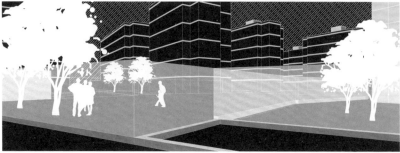

1 C 观测点更新前后街景
2 D 观测点更新前后街景

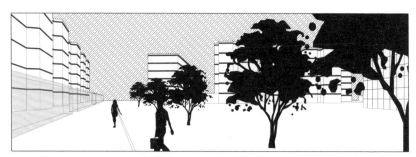

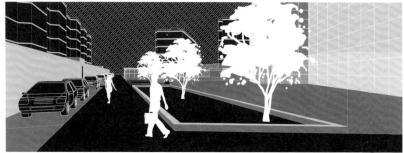

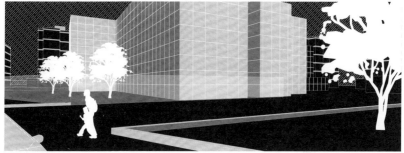

1

1 E 观测点更新前后街景
2 观测点位置图示

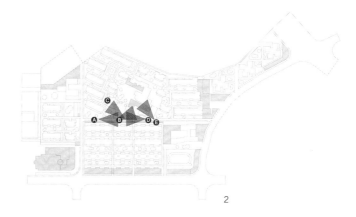

2

225

原始设计： 本街区一半的用地是公共及商办设施，集中在东南两侧，辐射整个地区，这一部分集中绿化相比住宅部分面积也更大。住宅全部是多层。

更新后：

– 拆建：公共建筑及其周边集中绿化地带作了大幅调整，原有建筑基本全部拆除。东南侧形成一个功能综合的建筑群，包含住宅、图书馆、文化馆、商场和旅店；东北侧小型建筑以及活动场地被住宅和学校取代；南侧沿街商铺位置上补充了一栋多层住宅；小区中间的学校建筑也有部分更替；小区内补充了一些公共设施，如便民服务站、国家电网、垃圾站和理发店。

– 绿化：小区部分的绿化多处补充硬地，包括西南和西北两个街角花园，以及小区内部几处活动场地和小花园；公共建筑部分的绿化许多都改为新建筑周围的道路或硬地供停车。

– 道路：公共建筑部分的改造补充了一些道路和出入口。

– 停车：大多数宅前划定了自行车停车区，沿小区主要道路设路边停车。

1 原始设计平面
2 更新后的住区平面

1

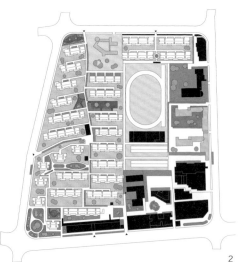

2

- 周边：内环外成熟的大型社区，离地铁站较远，内有地段商业中心。房价 3 万 /m²（地段均价 3.49 万 /m²）

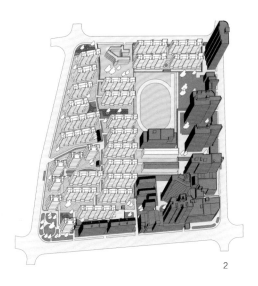

1 原始设计住区轴测
2 更新后的住区轴测
3 A 观测点更新前后街景

1

2

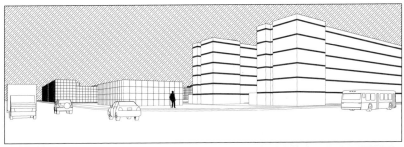

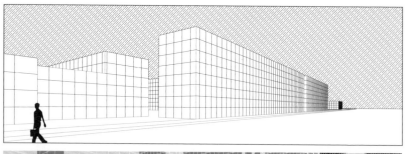

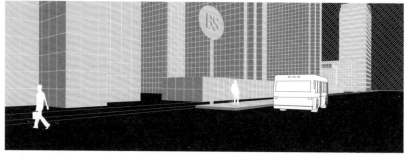

1 B 观测点更新前后街景
2 C 观测点更新前后街景

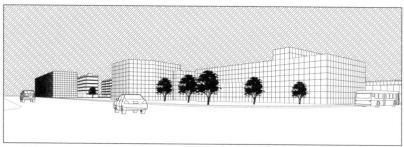

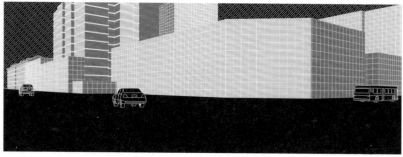

1

2

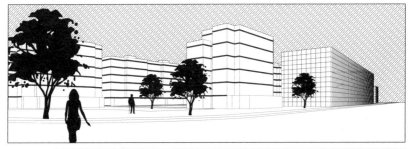

1 D 观测点更新前后街景
2 E 观测点更新前后街景

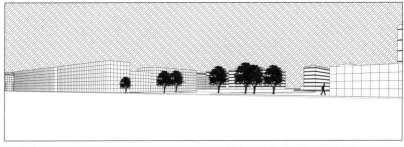

1

2

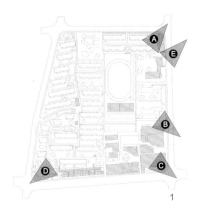

1 观测点位置图示

案例 13 沪太新村（1983–1992）–3 街区

原始设计： 本地块包含大小三块场地。北面以学校为主的公共事业用地是独立的区域。中间为主要的住宅区——以多层为主，西侧有 3 栋高层，并配合公共设施一并布置。东侧有一小场地属于另一街块的边角，安排了一个小型社区和一些公共服务。

更新后：

- 新辟：多处绿地改为建筑用地。北侧独立区域内的学校出现大量加建；小区中心绿化建成由多座建筑组成的敬老院；西南街角新建商铺、早教中心及 2 座多层住宅。

- 拆建：北侧学校以外的公共建筑拆除，建成一个小型社区，另外还为城管大队以及卫生服务站提供用房；南侧道路中段原小区入口边的一组商业建筑空间重整，形成内街内院的格局；南侧沿街住宅因为北向 2 层入口的关系设楼梯和平台；东南角住宅区间道路及两侧建成一组小型商业街综合体，以市场为主体，还包含餐馆、商铺和证券所。

- 绿化：原有较大的集中绿化因为新的建设陆续消失，宅间绿化好几处也改作硬地以供公共活动。

- 范围：小区中部敬老院和南部商业内街的出现，将社区划分为东西两块，这样和原本就独立的西侧高层区一起将最大的一块场地分成 3 个社区。

- 道路：道路和出入口变动复杂。高层区和西南角商业沿西侧和南侧分别有新开入口和道路，内部道路仍然错综；南侧新建住宅与原有住宅之间的道路有小幅调整；中部社区沿南侧道路新开入口，内部南北向道路随之调整；北面学校南侧的城市道路被划入小区内部道路；东南角住区之间的道路改为商业街。

- 停车：均为零散的宅边停车。

- 周边：内环外成熟的大型社区，离地铁站较远，东侧临近城市干道。
  房价 3.1 万 /m^2（地段均价 3.49 万 /m^2）

1 原始设计平面
2 更新后的住区平面

1

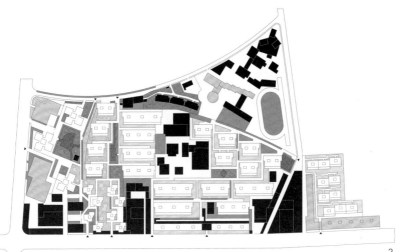

2

1

1 原始设计住区轴测
2 更新后的住区轴测
3 A 观测点更新前后街景

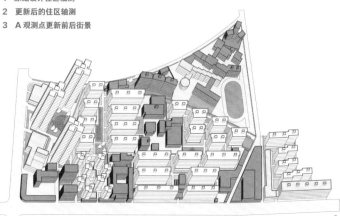

2

3

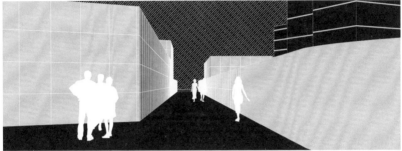

1

1　B 观测点更新前后街景
2　C 观测点更新前后街景

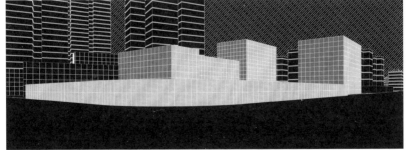

2

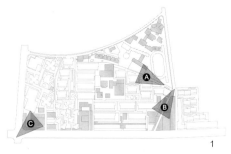

1 观测点位置图示

案例 14　园南小区（1986-1993）

原始设计：本地块除了北侧道路中部安排 4 栋高层外，全部为多层住宅。高层周边形成集中绿化。用地内部布置多所学校和公共服务。沿南侧道路有政府、医院及研究所等单位的大面积用地。

更新后：

- 新辟：小区的绿化做了很多加建。原高层住宅南侧的集中绿化增建了一栋高层、一个行政办公室以及电网设施；小区多处加建了自行车棚；沿街和小区主要道路零星补充一些商铺；加建社区活动中心。南侧道路的各单位用地内大量加建，尤其研究所变成企业后形成高密度建筑群。

- 拆建：因城市道路拓宽，地块南侧边界整体向北后退，建筑也作相应拆建调整。东侧拆除一排南北向住宅，缩短东西向住宅的长度；中部公建拆除后加建了一栋多层住宅；政府和研究所用地被裁切，涉及的建筑物被拆除；因为拆除后影响较大，医院需要另外寻址，剩下的用地改做住宅和商铺使用。

- 绿化：高层住宅周边的绿化做了重新划分，新辟道路和停车；多处集中绿化增加硬地以供公共活动；南侧道路沿线的绿化根据建筑拆建的情况作相应重整。

- 范围：通过设置隔离栏或者围墙，小区分解成几个小的社区，均有各自独立的出入口。

– 道路：部分道路配合建筑的变动作了小幅调整。西南角的部分道路改造成停车棚，导致局部道路动线变化。

– 停车：在道路和建筑周边均设路边停车，高层区有小型停车场。

– 周边：南侧道路为城市中环线，北侧临植物园，西侧为中学，离地铁站较远。房价 3.75 万 /m^2（地段均价 3.7 万 /m^2）

1

2

1 原始设计平面
2 更新后的住区平面及相关使用信息
3 原始设计住区轴测
4 更新后的住区轴测

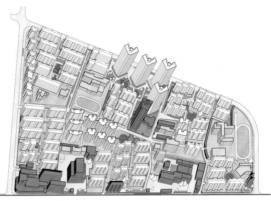

3

4

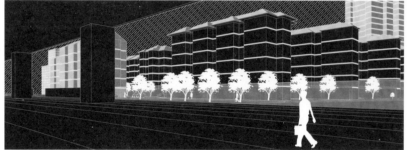

1 　A 观测点更新前后街景
2 　B 观测点更新前后街景

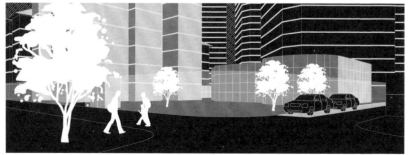

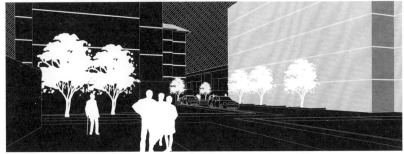

1

1　C 观测点更新前后街景
2　D 观测点更新前后街景

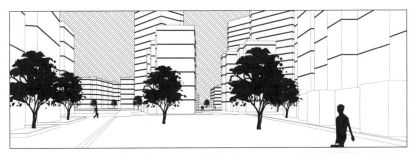

2

1 A 观测点更新前后街景
2 B 观测点更新前后街景

1

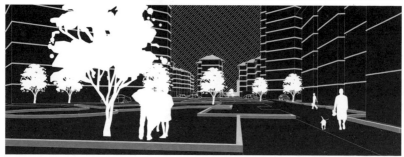

2

1

1 观测点位置图示

案例 15 田林新苑（1985-1994）

原始设计：本地块除西南角布置少量多层，东北角布置几栋点式高层外，主要是体量较大的板式高层住宅，居住密度比较大，建筑周边绿化面积较大。东南角为体育俱乐部预留用地（仅作记录不作考察）。公共设施自北侧道路开始沿地块中部往南依次布局，西侧道路中部设有小型公园。

更新后：

－ 新辟：地块周边沿街绿地有多处加建，主要用于补充商铺及提供事业单位建设
   用地。内部除了学校用地内加建教学楼，增加了车棚、物业及多处电网设施。
   建筑变动不大。

－ 绿化：包括公园绿地在内，多处绿化改作硬地以供公共活动。东北侧点式高层
   周边的绿化做了重新划分，或是开设新的出入口，或是改做硬地用于道路和
   停车。

－ 范围：小区通过设置隔离栏或者围墙，分解成多个社区，有各自独立的对外出
   入口，互相间仍可方便互通。

－ 道路：构架基本不变，新增加的道路均在绿地内辟出，主要是为分解后的东西
   两侧社区提供独立的对外出入口。

－ 停车：在高层周边和主要道路上设置了大量路边停车。

－ 周边：处于大型居住区的边缘，靠近内环外侧，离地铁站较远，南北侧均临
   城市干道。房价板式高层 3.6 万 /m²，点式高层 3.2 万 /m²（地段均价 3.7
   万 /m²）。

1 原始设计平面
2 更新后的住区平面及相关使用信息
3 更新后的住区轴测
4 原始设计住区轴测

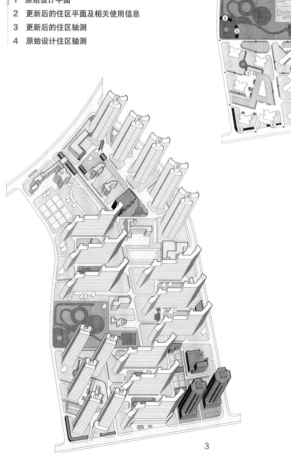

1　观测点位置图示
2　A 观测点更新前后街景

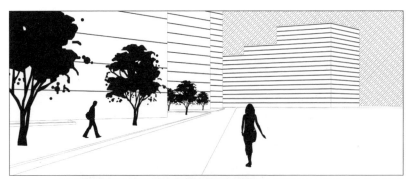

1　B 观测点更新前后街景
2　C 观测点更新前后街景

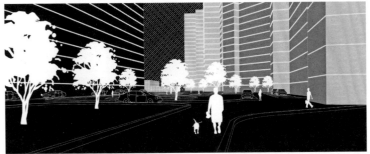

▌1 D 观测点更新前后街景

现场照片分类

住区内部变化

单边停车　　　空地辟绿化　　　空地辟绿化　　　绿化改硬地

绿化改硬地　　　绿化改硬地　　　绿化改硬地　　　绿化辟停车

绿化样式重整　　　双边停车　　　私家花园改公共绿地　　　私家花园改公共绿地

—— 区内 - 道路变化 ——

道路新支＋新增停车场　　道路新支＋新增停车场　　　道路中断　　　新辟主路

用地布局调整 + 单边停车　　用地布局调整 + 单边停车

空地新建　　　　　　　　绿地新建

区内 - 底层商业

底层拓建　　　　　　　底层置换

空地新建　　　　　　　　绿地新建

区内 - 建筑变化

拆单体建一组　　　　　设施位置移动

新建停车库　　　　　　　新建停车库

绿地新建　　　　　　　　绿地新建

区内 - 原铁路区新建社区

底层拓建　　　　　　底层置换　　　　　　绿地新建　　　　　　　绿地新建

住区外部变化

区外 – 场地变化

沿街绿化变硬地

区外 – 建筑变化

拆单体建一组

拆单体建一组

拆多栋变绿地

拆一组建单体 + 道路封闭

拆一组建单体 + 道路封闭

拆一组建单体 + 道路封闭

拆一组建单体 + 道路封闭

拆一组建一组

拆一组建一组

拆一组建一组

拆一组建一组

拆一组建一组

拆一组建一组　　　　拆一组建一组　　　　拆一组建一组　　　　拆一组建一组

拆一组建一组　　　　多层变高低组合　　　　多层变高低组合　　　　单体变高

沿街建筑局部改　　　　沿街建筑局部改　　　　沿街建筑局部改　　　　沿街建筑局部改

沿街建筑体量增大　　　　入口新辟　　　　入口新辟　　　　入口新辟

山墙沿街底层置换 + 道路加宽

沿街整栋置换

沿街主面底层拓建

沿街主面底层拓建

沿街主面底层拓建

沿街主面底层拓建

沿街主面底层拓建

沿街主面底层置换

沿街主面底层置换

沿街主面底层置换

沿街用地划入住区

沿街用地划入住区

裁剪社区用地给城市道路

裁剪社区用地给城市道路

裁剪社区用地给城市道路

拆建筑变地铁入口

社区绿地辟地铁站

社区绿地辟地铁站

绿地新建　　　　绿地新建　　　　绿地新建　　　　绿地新建

绿地新建　　　　绿地新建　　　　绿地新建　　　　绿地新建

绿地新建 + 入口封闭　　绿地新建 + 入口封闭　　绿地新建　　　　绿地新建

绿地新建　　　　绿地新建　　　　绿地新建　　　　绿地新建

绿地新建

案例分析

用地形式变化分类示意与元素整合

1) 用地形式变化分类图标示意一览

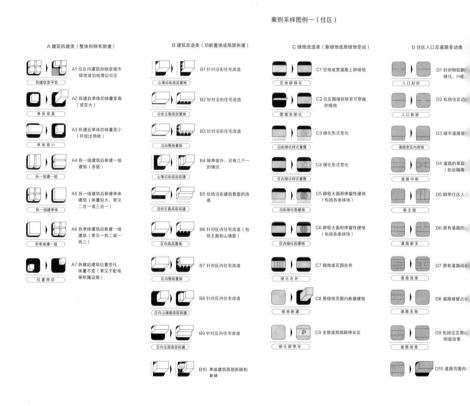

案例采样图例一（住区）

A 建筑拆建类（整体拆除和新建）

A1 住区内建筑拆除变给城市绿地或划给周边社区
拆建筑变平地

A2 拆建后单体的体量变高（或变大）
单体变高

A3 拆建后单体的体量变小（开放出场地）
单体变小

A4 拆一组建筑后新建一组建筑（多层）
拆一组建一组

A5 拆一组建筑后新建单体建筑（体量较大，常见二合一或三合一）
拆一组建单体

A6 拆单体建筑后新建一组建筑（常见一拆二或一拆三）
拆单体建一组

A7 拆建建筑位置变化，体量不变（常见于配电等附属设施）
位置移动

B 建筑改造类（功能置换或局部拆建）

B1 针对沿街住宅改造
山墙沿街底层置换

B2 针对沿街住宅改造
沿街主面底层置换

B3 针对沿街住宅改造
沿街整体置换

B4 除单体外，另有几个的情况
山墙沿街底层拓建

B5 包括沿街建筑背面的改造
沿街主面底层拓建

B6 针对区内住宅改造（包括主面和山墙面）
区内底层置换

B7 针对区内住宅改造
区内整体置换

B8 针对区内住宅改造
区内山墙面底层拓建

B9 针对区内住宅改造
区内主面底层拓建

B10 单体建筑局部拆除和新建

C 绿地改造类（新绿地或原绿地变动）

C1 空地或宽道路上辟绿地
空地辟绿化

C2 住区围墙拆除变可穿越的绿地
围墙改绿化

C3 绿化形式变化
沿街绿化样式重整

C4 绿化形式变化
区内绿化样式重整

C5 辟较大面积停留性硬地（包括各类球场）
沿街绿化变硬地

C6 辟较大面积停留性硬地（包括各类球场）
区内绿化改硬地

C7 绿地或花园合并
绿化合并

C8 原绿地范围内新建建筑
绿地新建

C9 全部或局部辟停车区
绿化辟停车

D 住区入口及道路变动类

D1 封闭物如新绿化、H 或
入口封闭

D2 包括住区边
入口新辟

D3 城市道路变
道路变区内用地

D4 道路的某段（如设隔离
道路中断

D5 辟带形住区入
新主路

D6 原有道路的
道路新支

D7 原有道路间的
道路连接

D8 道路被侵占或
道路去除

D9 包括住区周边明显加宽
道路加宽

D10 道路范围内

车类	F 核H内变化类	G 核H与住区Z之间变化类	H 周边环境变动类（新绿地或原绿地变动）

E1 道路中间设停

F1 拆建后单体的体量变高
H 单体变高

G1 Z内新出现的H
新出现H

H1 拆几栋建筑辟绿地
拆多栋变草地

E2 道路或宅前年

F2 拆一组建筑后新建一组建筑（多层）
H 拆一组建一组

G2 H在Z内的入口改变
H 开口变化

H2 拆一组建筑后新建一组建筑（多层）
拆一组建一组

E3 道路两边均以

F3 拆一组多层建筑后新建一组含高层多层的建筑
H 多层变高低组合

G3 沿街H变为Z新辟部分
沿街H向Z全放出

H3 拆一组建筑后新建单体建筑
拆一组建单体

F4 建筑与场地的关系调整
H用地市局调整

G4 沿街H局部变为Z新辟部分
沿街H向Z局部放出

H4 拆单体建筑后新建一组建筑
拆单体建一组

F5 原绿地或空地内新建建筑
H 空地新建

G5 H辟服务于Z的停车区
内部H对Z放出停车

H5 拆一组多层建筑后新建一组含高层多层的建筑
多层变高低组合

F6 全部或局部辟停车区
H 绿化辟停车

G6 H在Z内的范围扩大
Z对H放出地

H6 拆建后单体的体量变高
单体变高

F7 拆一组建筑后新建单体建筑
H拆一组建单体

G7 H之间边界改变
H间放出用地

H7 建筑与场地的关系调整
用地市局调整

F8 拆单体建筑后新建一组建筑
H拆单体建一组

G8 H之间道路被H侵占
H间道路消失

H8 绿化和硬地（活动场）互换
用地方式调整

F9 绿化和硬地（活动场）互换
H用地方式调整

G9 H与Z之间道路被侵占
H与Z间道路消失

H9 绿地范围内新建建筑
绿地新建

F10 单体建筑局部拆除和新建
H 局部调整

H10 单体建筑局部拆除和新建
建筑局部调整

注：核H为住区内划定独立场地（大多数设围墙）的企事业单位，如
　　学校、医院、政府、工厂企业，如H划出用地作住宅，这部分就
　　计入住区新辟部分。

2）用地形式变化元素单元整合

用地形式变化分类反映出案例变动其实有共通甚至完全一致的地方。这引出两个问题：15个案例有多少种变动方式以及它们可否归纳；可能的现象归纳又暗示了什么。研究作了两部分图表来尝试解答。一类基于案例每处变化的具体形态操作——即以"如何变化"（HOW）为主要着眼点，另一类基于建筑物或者场地的种类以及它们的位置——即以"什么发生了变化"（WHAT）以及"什么位置"（WHERE）为主要着眼点。前者针对变化方式和程度，后者针对现象发生的频率和范围。两者的对照提供了一些不显见的信息：相似的变化发生在不同主体或者位置时，有机率差别。如同为拆建，公共建筑发生的比率远高于住宅，沿街部分发生的比率要高于住区内部。同为原有绿地内重整、补充硬地或加建建筑，沿街部分发生的机会反过来远少于住区内部等。这说明变化主体及其位置对于整体变化而言，有着比变化具体操作更为本质的控制特征。主体和位置的因素合称为"用地属性"。

以用地属性为线索重整所有变化。主体可分成简单的5类：商业、住宅、绿化、道路以及"核"[指住区内划定独立场地（大多数设围墙）的企事业单位]。位置则可按是否沿街来分类，两者叠加就是10种情况。假设变化以这10类用地为对象（或者可归入某用地），每一种变化即可设定成一个或一组用地变化单元——哪个位置、什么场地上发生怎样的变化。罗列种种，大概可以从案例中得到近80组左右的变化单元。它们就是住区用地形态更新的"样本集合"。所有变化都可以被认为是在某种程度上对原有用地状况的"修正"。事实上，主体（WHAT）带有"修正"可变弹性的基因，位置（WHERE）将这种基因作变化路径或者程度的选择，两者相加决定了用地变动可能的"潜力"，变化本身（HOW）只是最后一步的外化。

将所有变化单元集结拼合，会得到一组抽象、完整的住区用地更新样态比较图示——住区更新模型。因为每组变化前后的形态作了位置上的一一对应（且原始样态相对一致），所以很容易发现这些变化散碎且复杂，没有呈现类似的变化逻辑，而是散布在几个不同层面的指向上。这些指向可以区分为以下几类：用地属性间的变动；用地属性本身的拆建式生长；小幅改造及用地属性不明；不会单独发生的关联性变化（伴随着前述变化才会出现）。在所有变化中，来自不同用地属性间的变化是把握住区用地形态更新的关键性线索。

3）案例信息表图注

本表将"案例采样"中的各种变化与相关案例做对应分解罗列，其中1-5为里弄案例，6-15为新村案例。表中增加了产权及用地属性上的变更

1 案例信息汇总统计表

属性类别	变化细节	案例7	案例8	案例9	案例10	案例11	案例12	案例13	案例14	案例15	案例16	小计7-16	案例1	案例3	案例2	案例4	案例5	案例6	小计1-6	现象比例综合
住宅（内部变化不计/原范围内）	沿街置换	★	★	★	★				★	★	★	70%	★	★	★	★	★	★	80%	75%
	沿街扩建（产权内）	★	★									20%	★	★				★	40%	30%
	沿街扩建（产权外）	★			★				★	★		40%				★	★		30%	35%
	内部置换			商业内街								0						★	10%	
	内部扩建（产权内）											0				★			10%	
	内部扩建（产权外）											0	★						30%	
	新增住宅（范围内）		★	★	★		★		★	★	★	70%					★	★	30%	
	住宅拆除（范围内）			沿街-住公		沿街-地铁广场					★	30%			★	★			20%	25%
公建（原范围内/非H）	沿街拆建（公-公）	地区级	★		★		变球场	★	★		★	70%				★			0	
	沿街拆建（公-住）				★	★	★	★				40%							0	
	沿街改造	★				★		★	★			50%							0	
	内部拆建（公-公）		★									10%							10%	10%
	内部拆建（公-住）			★								10%		★					10%	10%
	内部改造	★		★				★			★	40%							10%	
集中绿化	形式变化或软硬	★	★	★	★	★	★	★	★	★	★	100%	★			★			20%	
	加建建筑	★	★	★	★	★	★	★	★	★	★	100%					★	★	30%	
	辟停车	★	★	★	★	★	★	★	★	★		90%							0	
	新增绿化											0	★	★				★	30%	
住区道路	主道新辟或去除	★									★	80%		★			★		40%	
	辟停车	★	★	★	★	★	★	★	★	★	★	100%							50%	
原住区边界	向城市放出场地	★	★								★	50%		★					80%	
	内部区域重划											10%							10%	
	入口调整	★	★									50%					★		50%	
H	H放出		沿街-住宅		沿街-住宅内部停车	沿街-住宅内部	沿街-住宅内部	沿街-住宅		沿街-住宅内部停车	沿街-住宅	70%							0	
	H内扩建	沿街住宅	沿街	沿街	沿街	沿街						90%				★	★		20%	

注：H为不受住区管理的特定区域，简称"核"

★表示有相关现象，文字为情况补充

"%"为现象发生的比例，10个案例中有一个即10%

案例1-6的小计还包括另外4个未在此列表记录的里弄案例

现象比例综合为2项小计的综合；2项数值差别不到30%，取平均值，理解为现象有一致性；差别大于30%，理解为现象有较大差异，以灰色块提示

图表详见说明

特征，例如是否在产权内部变化，或者从公共建筑变为住宅建筑，并且对相应现象发生的比例作粗略统计。具体数据解读请对照图注。

「住宅」

除了拆建，住宅发生变化的统计主要是新增商业功能（含公共设施）的改造部分，住宅本身的小幅变化不在考察之列。"产权内外"以居住单元合法用地范围为界，"内"即单元用地内的变化，"外"指超出单元使用住区"集体"用地的情况。"范围内"指原始设计中住区用地范围之内，"核"内新建住宅属于范围以外的情况。

住宅置换成商业是很普遍的现象，常见于沿街部分，内部发生机率较小。这种力度较小的改造并不真的可以随意发生，需要依赖商业契机诱发。有内部置换的里弄案例是因为地处城市核心，受到商业能量波及所致。

以商业为目的的住宅扩建，也是沿街比内部多见，发生机率要小于置换。可以这样理解，如果置换都没有可能，就无法发生更复杂的扩建行为。新村案例沿街扩建的情况中，产权外的变动略高于产权内，也就是"非法"

搭建拓展的情况有更强的动力。在里弄案例中，产权内外的变动情况正好相反或起码相当，是由于市中心住区用地管理更为严格的关系。

原有社区范围内新增住宅比率非常高。里弄案例只是因为原本用地"空隙"有限，才显得比新村案例有所下降——更高的居住密度是上海城市住区普遍的内在要求。

住宅拆除的情况时有发生，主要是因为来自城市层面的建设要求，如地铁、道路拓建，或者兴建城市级商业设施。

「公建」

这里的公建指为住区或本地区服务的公建及设施，城市级的公建和"核"内的公建不算在内。统计主要是围绕公建的建筑变动——自身的调整升级或拆建成住宅。

总体上，公建的变化要大于住宅——相比住宅大多数属于置换的改造方式，公建拆建式变动更为主流。沿街部分的变动远大于住区内部，说明住区公建受城市发展而不是社区内在需求的影响更大。

里弄住区公建数量很少，其改变

也就非常有限。沿街和内部变动的机率相当，可以认为是根据实际情况因地制宜的操作，没有特别的内外差别化倾向。新村案例沿街变动突出，拆建的比例高过改造，暗示沿街公建倾向于比较大幅度的变动。公建本身的更新比转变为住宅更普遍，说明沿街公建的新需求比简单的居住"加密"更为显著。

新村案例内部公建变化相对很少，变化途径正好和沿街相反——以改造为主，伴以零星拆建。内部拒斥大幅变化、保持稳定和沿街大幅变动的不同倾向是有趣且值得深思的现象组合。

「集中绿化」

集中绿化和道路是住区用地变动发生频率最高的部分，有多项统计达到100%。换句话说，只要住区中有集中绿化，就一定会发生一种或者几种形态变动。究其缘由，一方面因为没有拆建、改造的压力——变动方便，另一方面绿化和道路的用地权属较之公建和住宅相对容易"协调"——变动随意。如果说用地属性是住区更新的"潜力"控制点，那么由产权各自独立导致的用地发展"自说自话"，是

这个"潜力"发挥的基础条件。

除去部分里弄案例没有集中绿化。在绿化中增加活动场地以及加建新建筑，在所有案例中保持了难得的一致。大家都把绿地看作"未开发的空地"，社区其他功能需求的增加使得单纯的绿化似乎并不受大家的保护。新村案例中整齐划一地将绿化辟停车区的情况，更加证明了这种看法。

上述100%机率是指社区中肯定有绿化发生相关变动，而不是所有绿化都必然发生变动。这可以理解为住区中总有些绿化和其他功能需求矛盾而"需要"被改造。里弄案例虽然同样不乏对绿地的改造，但是新增绿化也不少见。如停车多是沿社区道路而不占用绿化，反映了对绿化面积某种权衡和补充的想法。绿地的"破和立"多少有点存在尴尬的悖论。

「道路」

本应是住区基本构架的道路系统，似乎成为比较配属的部分。无论是本身路径的变动还是改作他用，多是配合建筑和场地环境的变动。即便是道路上出现建筑的奇怪行为，多数情况也是因为周边建筑的规模扩大后"占

据"道路所催生。既然所有住区都有建筑用地变动，那么道路的调整和占用也就非常普遍。里弄案例建筑密度很高且道路窄仄，能够发生变动的弹性比较小。总体上看，道路变动的随意性比单纯建筑有过之而无不及。这提示我们住区更新的形态特征，并非基于系统有序的产生过程，而是依靠局部碎片化的互相关联来形成一个叠合总体。

「H（核）」

H用地中加建住宅或者直接为社区服务的部分算入住区新增加的部分，称为H放出用地。相反，住区用地被整合入H，称为H吸入用地。

H独立运作，和住区用地之间的联系原则上是"随机"的——放出和吸入的机率大致相似。新村案例显示的情况却不是这样。H放出用地给社区的比例要远远高于吸入。不仅如此，绝大多数含有H（尤其是沿街位置上的）的住区都会从H得到新的用地。住区的能量要强于所包含的H，以至于H无法拒绝来自前者的用地"索取"需求。

里弄案例是另外一种情况。虽然确实本来含有H的情况就较少，但是完全没有和所在住区产生"互动"，也是有种界限过于明确的感觉。新村、里弄两类案例所呈现的状况，可能一方面与用地权属是否真正明确和独立有关，另一方面也不得不考虑住区范围差异——规模大小所受管理的行政权力层级不同。

无论与住区关系如何，伴随着城市膨胀，H自身会有一定程度的扩建——H内的建筑密度会有相当程度的升高。

「补充——城市边界」

城市发展会向住区"索要"用地。许多住区都经历了"割地"的过程，里弄案例尤为明显——市中心建设强度的增加不得不涉及用地的补充。也正因为与城市的边界发生调整，住区的入口位置往往有修正。

新村案例通常用地很大，为了明确权属和方便管理会作内部区域的重新划分。然而，这并不能帮助住区的变动清晰可控。因为原本道路构架是按照主次等级来布局的，"分解"后各个小住区的发展却不是逐层发生，互相间的矛盾和系统的重新协调会导致更错综复杂的情况发生。

主要用地属性图例

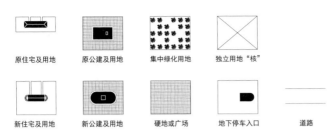

| 原住宅及用地 | 原公建及用地 | 集中绿化用地 | 独立用地"核" | |
| 新住宅及用地 | 新公建及用地 | 硬地或广场 | 地下停车入口 | 道路 |

变化元素单元汇总整合

形式变化中主要用地属性图例

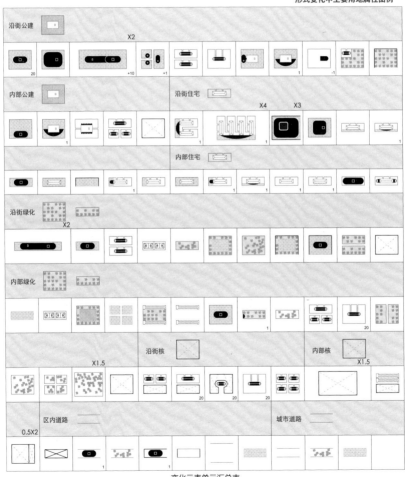

变化元素单元汇总表

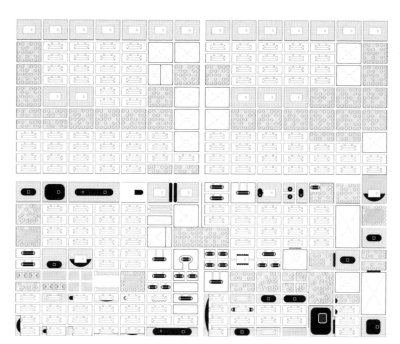

变化元素单元整合平面比较

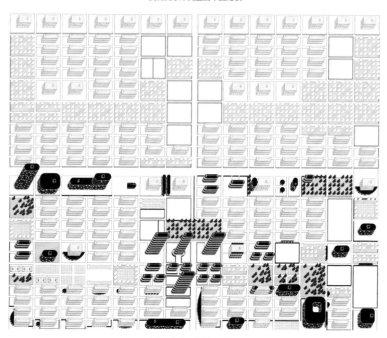

变化元素单元整合轴测比较

本图为集合了 15 个案例变化元素的单元整合图示——"街区拆解前提下形式弹性替换"的抽象模型（后续变化发展和软件模拟中称为"基点"）。所有变动可以通过上下图相同位置的比较获得。图中上半幅为原初设定，下半幅为更新后的情况。原初设定中的建筑以淡色填充的"方角"形态表示，住宅以坡顶示意，公建以平顶示意并增加了硬地网格；更新后的建筑以深色填充的"圆角"形态表示，平坡示意不变，没有改变的部分保持原初设定；核以"镂空"表示其独立运作；加粗的黑线表示住区边界或隔离的情况。图中有硬地填充的住宅，表示住宅建筑外观不变，内部功能局部或者全部置换为公共服务。增加高度数据以后，轴测图在表达上补充了两个外观细节——公共建筑的立面为网格形式，住宅建筑的立面为水平带状形式。

元素单元整合的变化与发展

用地属性变化掌握着住区形态更新的关键，但它的运作特征是怎样，变化"活性"对整体留下何种程度的影响呢？变化元素单元整合图示反映沿街变动的数量和种类比住区内部多，表明沿街有更强的变化意愿。其中，不同用地属性间的变化大概占到所有沿街变化的一半，而且这些变动保持着某种循环特征。比如住宅可以拆建成公建，公建也可能变成住宅。公建和绿化都有两个不同可能的变化终端，组合在一起就有很多种"循环"变化的可能性——尽管这些变化有时是不可逆的。这就意味着，沿街有机会发生相对频繁甚至"滚动"式的变化。相比之下，住区内部不同用地属性间的变化在内部变化总数比较少的基础上，所占比例也仅为 1/3，且大多是单向变化不可循环，这说明内部变动的发生缺乏"动力"。沿街用地属性间的转换特征反映了住区外围可以保持相当好的环境适应性——无论原本沿街部分规划的是绿化、住宅、商业甚至独立用地中的任何一种，都可能转变成另外 3 种用地。以此类推甚至有可能出现"周而复始"的变化。

在"住区更新模型"（基点）中模拟更多变化，通过推演它可能的"滚动"变化来理解用地转变的逻辑特征。将基点按照用地属性变化的某一类"倾向"一次一种去培育——比如先让基点向更多住宅用地的倾向上发展，在获得结果的基础上再让它向更多绿化的倾向上发展，诸如此类。这个过程并非揣测或者策划住区以后的发展，去碰触所谓的未来图景。正好相反，是借助可能的诸般变动来理解"历史"过程的特征——因为我们所看到的现象只是历史积累的结果，如何发生我们不得而知。在不同的推演路径中可以发现：沿街无论哪种情况都可以有或多或少的变动发生，变化活力明显——不同路径中不同阶段所得到的相同倾向发展结果，可能有形态差异的区别，但没有出现完全一致的情况（一致情况的机率应该非常小）。也就是说，沿街变化在任何时候都有机会选择发展倾向，得到的结果也会千差万别，相同住区变化会有不同的形态可能性——在机制上保证了多样性和变动性的特征；住区内部变动只有在特定的倾向上才有可能发生，表现出自我稳定的基调。这些特定倾向发生的时间节点虽然不同，得到的变化结果却大致相似甚至完全一样——和沿街的情况差别非常大。这说明住

区内部变动在选择本来就相对较少的前提下，形态变化也比较简单（只能在某种情况下变，且只能这么变），内部产生形态差异的可能性大大降低。对比经过三次变化后不同倾向发展的三维图可以看得更为清楚。

将沿街变化在不同阶段的倾向作分类比较，可以发现用地属性间的转变有一些更细致的特征：1）上文已有提及，即便最终转变的倾向相同——比如均以住宅用地为目标，只要这个转变过程的路径不一样，就会产生不同的"印记"（转变形态的信息会遗留并继承下去），最终形式结果就必然不同。一方面用地间有互相转变的可能性才使得变化不断进行下去，另一方面每种变化都有自己的形态操作特点，才能保证有条件产生所谓的差异，而不是简单的循环重复；2）不是变化次数越多结果就越复杂——复杂是指发生变动的地块数量以其新形式，而要主要看倒数第二次变化留下的弹性是否足够——即以单次变化前后关系为前提；3）有条件进行多次转变，是可能出现较复杂形态的前提。除了前后两两关系的前提，叠加和积累也是影

响转变效果因素；4）统计所有推演过程中发生的变化,涉及绿化的地块（尤其是大块绿地或者多块绿地的情况）产生的复杂性最多——其中的缘由也许如前述，住区对于绿地的观念其实更接近"空地"，对其改变的宽容度理所当然就非常大。比较少变化的地块主要是涉及高层。其他用地变化复杂性位于两者之间。

基点 - 绿化

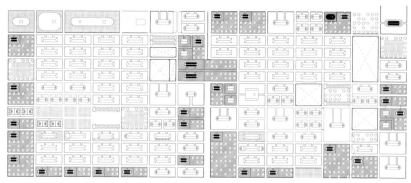

变化路径：基点－住宅－商业－绿化

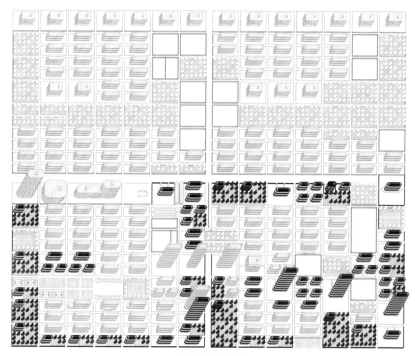

基点往绿化方向发展

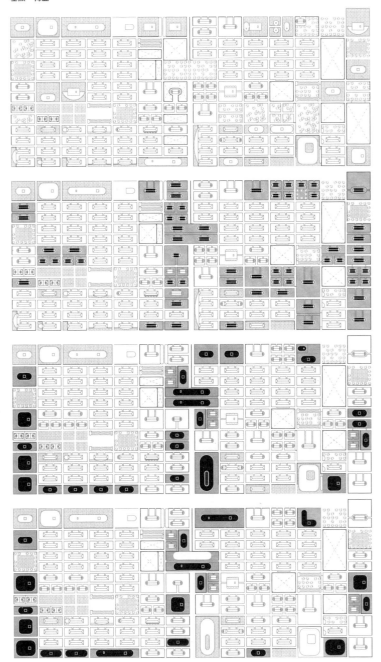

变化路径：基点 - 住宅 - 商业 - 商业

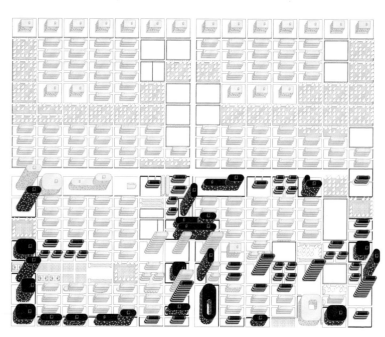

基点往商业方向发展

基点 - 住宅

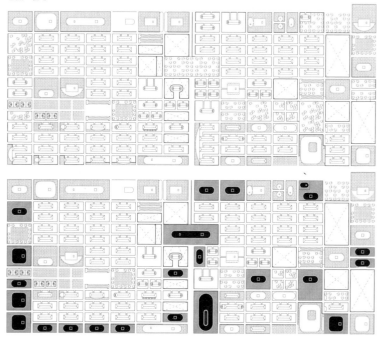

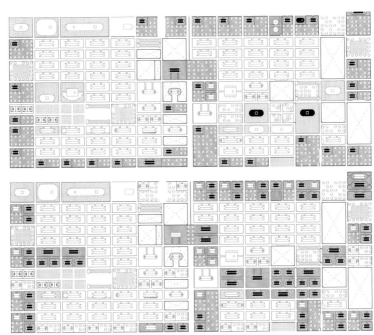

变化路径：基点 - 商业 - 绿化 - 住宅

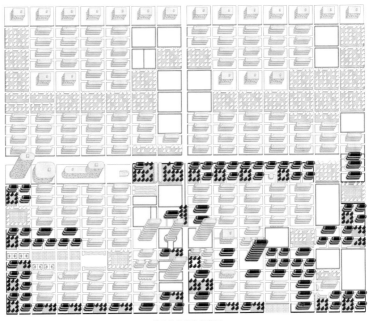

基点往住宅方向发展

住区用地形态
更新软件模拟

通过用地形式变化元素分析和基点发展推演模拟，研究能够对上海住区更新现象的某些疑问做出初步回应：1）这些城市发展变化并不是完全随机无序。虽然不能说遵循严格的生成规律，但也有其特定的产生路径；2）这种路径体现为变化过程存在阶段、等级以及相应强度上的差别。不过现象背后机制的暗示，对于城市样态特殊性的指向，以及是否存在理论上的选择性等仍有待讨论。这就需要大量、复杂的变动情况以供比较，软件运算也许能够提供新的发现。根据基点推演提供的信息，软件编写不仅要求变动路径可以随时切换，变动次数可以数量级增长，更重要的是更新条件和"动力"能够按照要求被改变。这样，我们就可以尝试去重写路径相关的变量，有机会探究那些"可能"产生的

不同图景。软件生成的各种图景本身是否有现实意义或者未来可能性不在讨论的范畴，关键是许多图景之间的比较参照，有助于研究确认其机制对外在形态的控制和引导能力。正是因为这种控制能力决定了城市现象呈现出各种各样的效果。

软件基本界面

1）软件分为用户（基本）模式和管理员（参数可调）两种模式。

用户模式：无法调试参数，可直接、简便地体验街区模拟结果。

只需要选择需求和场地，系统便会运行，通过变化的积累呈现出不同的结果。本模式的运行是基于确定的参数表，每种需求对应一套参数表，参数是通过对前期案例信息的总结和统计得出。

管理员模式：可调节参数，使用

控制变量的方法对街区模拟结果进行分析。

界面－场地选择

2）选择需求和场地

此处 4 种不同的需求仅是初始设定，软件操作过程中可随时变化。8 种不同的场地会依次增加复杂程度，相对可以产生出较为复杂的情况。

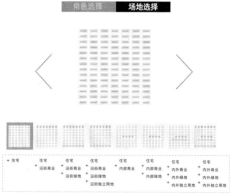

界面－需求选择

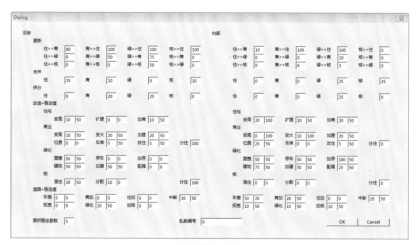

管理员模式－界面

3）管理员模式中可以任意改变参数，并通过不同需求和场地环境的组合运行软件，研究不同参数设定对形式变化结果所造成的影响。因为参数可调，不再遵循调研数据，会出现与现实不同的住区形式。

（注：界面上数字的说明

1个数字框，如住≥商80，是指住宅用地发生更新的比例为80%。

2个数字框，如住宅变高10、50，第一个指住宅用地发生"变高"更新的比例为10%，第二个指"变高"发生后保持该状态的稳定度（因为后续有其他变化）为50%。）

4）主界面中，软件将根据之前选择的需求与场地来进行住区更新模拟，展示不同发展形式的可能性。实景变化图中的轴测模块是基于前述研究中不同用地形态变化总结的再整理。历史记录图可以将更新过程中住区不同部分的变动频率反映出来。

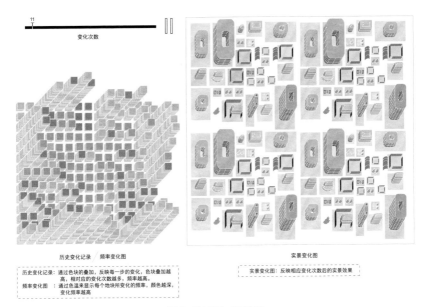

变化次数

历史变化记录／频率变化图

历史变化记录：通过色块的叠加，反映每一步的变化，色块叠加越高，相对应的变化次数越多，频率越高。
频率变化图：通过色温来显示每个地块所变化的频率，颜色越深，变化频率越高

实景变化图

实景变化图：反映相应次数后的实景效果

界面－历史记录＋实景变化

1. 用户（基本）模式
操作 1: 初始状态 1——各种需求的变化

基点显示的住区用地更新形态指向是多样的。软件在用户模式下，可以选择突出一种需求下的形式影响，类似"元素单元整合的变化与发展"的强化版。和基点推演中每一步会单纯向一种变化路径发展不同，软件中的每一次更新并不完全基于单一目的（这种设定更接近现实），会随机向多种需求发展，只不过其中一种会获得更多的发生机率。变动指向多样但主要方面是用户模式的编制思路。这里展示在各分项需求下变动 1000 次后的结果，希望给出较为成熟发展状态下的比较。

1）商业需求变化 1000 次

反映了住区商业容量的极大发展。住区外围几乎完全变成或大或高的公共建筑。住区内部虽然没有相似路径发生的可能，但也在住改商业空间小而多的形式上全面发展。我们在南京西路、淮海路沿线的住区见到的正是这样的情况。商业需求下的转变方式在住区变化中最为常见且多样，形式、尺度、转变条件不一而足，形成了影响变化效果的多种渠道。

2）住宅需求变化 1000 次

因为沿街和内部在其他用地转向住宅上均保持高机率，且都有一定机会形成高层，所以经过多轮住宅需求的更新后，趋向内外一致的高层住区状态。不过一方面沿街商业发展本身的动力强劲，另外沿街住宅转变后的稳定程度低于内部，所以沿街商业也有相当程度的发展。通过各种需求下更新效果的比较会发现，只要存在用地更新，就会促成商业一定的发展。

3）"核"需求变化 1000 次

"核"代表着与住区相对隔离的独立企事业单位。调研信息中，"核"有吞并绿化和公共建筑从而扩大自身的情况，但是几乎未见直接吞并住宅的情况。图中住区内部大量住宅最后变成核，可以理解为商业或绿化需求成为某些阶段性的媒介。这可以从住区外包商业的变化情况，以及商业需求下类似的变动得到证实。"核"的发展说明，有些用地更新看似不可能发生，但是通过多种其他更新方式互相嫁接，最后可以达成类似效果。

4）绿化硬地需求变化 1000 次

在案例分析中提到住区绿化存在"破与立"的悖论。由于"破"的机率远远高于"立"，多次发展以后，绿地资源势必越来越少。另外调研发现，新功能性硬地的获得几乎全部是从绿化转变而来。如果绿地"势微"，硬地也必然很难发展起来。绿化硬地需求的发展从软件运行的结果上看，最后除了绿地本身，其他需求都有不同程度的发展。目前住区更新过程中很多变化是基于绿地发展而来，绿地空间的消失也就意味此类更新的消失。绿地的"破与立"悖论值得进一步讨论。

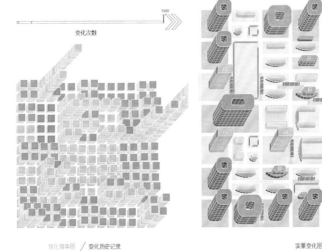

变化频率图 / 变化历史记录   实景变化图

1. 商业需求变化 1000 次

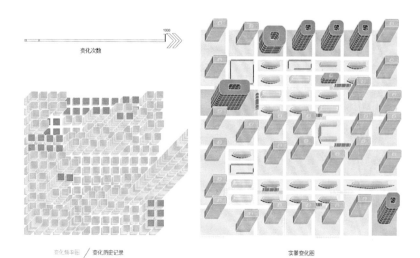

変化次数

変化频率图 / 変化历史记录

実暴変化图

2. 住宅需求变化 1000 次

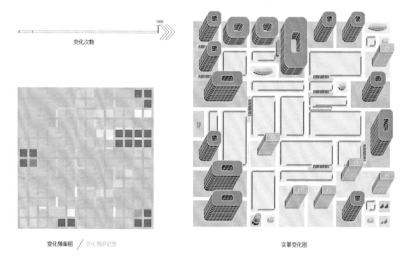

変化次数

変化频率图 / 変化历史记录

実暴変化图

3. "核"需求变化 1000 次

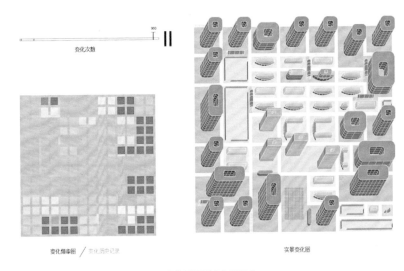

変化次数

变化频率图 / 变化历史记录　　　　　　　　　实景变化图

4. 绿化硬地需求变化 1000 次

操作 2：初始状态 2——商业需求变化的比较

　　这组用户模式下软件运行的比较，目的是观察不同更新程度前提下，商业需求发展下其他用地变化作为更新基础的影响力，及其与商业影响力的对比。这里给出的 3 种更新前提分别为：1）完全没有更新；2）更新过 100 次；3）更新过 200 次。第一组，3 种更新前提下，商业需求变动 400 次。无论在商业类型或者住区其他用地多样化方面，以更新过 200 次为基础的最终效果最为丰富。相对的，完

全没有更新基础的效果最为简单。可以这样理解，较多的更新基础给予住区更为丰富的用地组合形态，使得后继的商业发展更方便从多种途径上发挥效力。尤其对于原本模式较为单一的住区而言，本身多样（多目的）更新的能量——即便不是效果很强烈，但对后续商业发展仍有非常重要的间接保育作用。这也是市中心住区商业化往往有更丰富样态的原因。第二组，3 种更新前提下，商业需求变动 800 次。在持续（也可以理解为高强度）的商业需求推动下，最终效果趋向一

致，第一组显示的基础差异消失不见。可以这样理解，商业确实能够在各种途径下推动住区更新，但是商业更新毕竟只是其中"一种"类型的变化——并有自身运作的规律，它所建立起来的也就只是丰富性的其中"一部分"。

在它大量重写其他更新留下的多样性痕迹后，效果自然流于重复化的"单一"。"一种"多样性与多样性之间的差异，是住区商业化更新值得深思的问题。

100 次变化后转向商业需求至变化 500 次

100 次变化后转向商业需求至变化 900 次

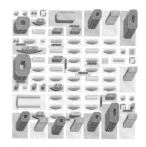

200 次变化后转向商业需求至变化 600 次

200 次变化后转向商业需求至变化 1000 次

始终维持商业需求变化 400 次

始终维持商业需求变化 800 次

这里将参数控制下变化机制的运行做一简要的流程图解。参数表分为沿街和内部两大部分，所涉参数内容基本一致。这里选择沿街住宅转向商业做说明，演示的参数为：1）住宅更新为商业的概率；2）商业用地合并的概率；3）商业建筑变高、变大或发生加建的概率；4）商业建筑变化后的稳定度。锁定其他方向的变动，即没有其他变动。

为方便观察，初始状态全部为单纯住宅用地。软件按照以下流程运行：住宅按照给定的概率变为商业；商业用地按照概率合并，用地变大（未变商业的住宅继续按概率转变为商业）；商业用地（无论合并与否）按照变高、变大或加建的概率继续变动，变高的机率为变大和加建的一半；已经发生建筑变化的用地按照稳定程度（均为50%），随机发生后续变动。如果用地复杂或已有更新，那么以上运行除了稳定度外，会同时随机发生。我们将数值分偏低和偏高两种：60%、20%，来显示参数的控制性影响。

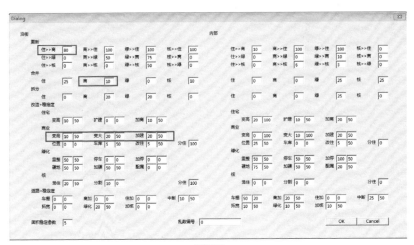

参数界面

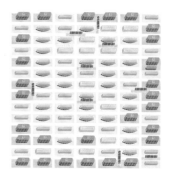

概率 20 ~ 200 次

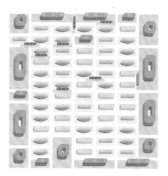

100 次变化后转向商业需求至变化 900 次

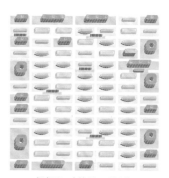

概率 20- 合并 20 ~ 200 次

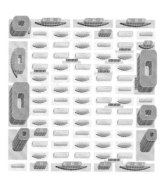

概率 60- 合并 60- 改造 60 ~ 200 次

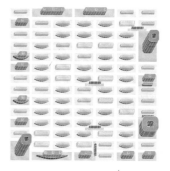

概率 20- 合并 20- 改造 20- 稳定 60 ~ 200 次

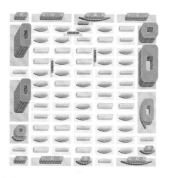

概率 60- 合并 60- 改造 60- 稳定 20 ~ 200 次

1）绿化参数修改

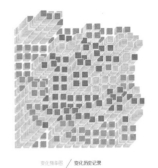

变化集市部／变化历史记录

实景变化图

　沿街和内部其他用地更新为绿地的几率参数均调整为 100（即向绿地转化保持最大可能）。相对的，绿地转变为其他用地的参数不变，且保持内部机率远低于沿街。运行效果上看，内部用地转变为绿化后有较高稳定度，又有合并机率，变得越来越整体。外部获得绿化后仍有较高的可变性，所以商业有机会介入发展，形成或高或大的外围建筑状态。而且，这一状态形成后因为没有可变性，所以就稳定下来。绿地只有在更新率和稳定度都高的状态下，才能有比较明显的存在感，不然就有大机率被替换。在公园

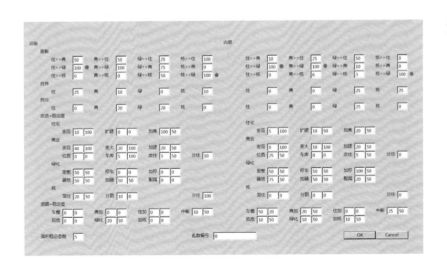

和消亡两个尴尬状态之间，绿地对于快速更新的住区到底意味着什么呢？

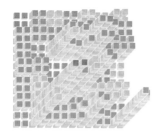

变化编年图 / 变化历史记录

2）内部参数修改

内部变化参数设置修改为和外部一致。这样内部就获得了和外部一样的变化路径和效果（即内部和沿街一样变动活跃）。运行效果上看，整个住区用地更新匀质，感觉更接近一个城市片区的强力商业化过程。正常状态下外强内弱的更新状态，一方面反映了外部街道商业势能影响的渐弱，另一方面其实是住区内部私密化要求对商业带来公共倾向的抵御渐强。内部能够获得和外部一致的商业化动力，意味着住区作为居住功能区域的完全

实景变化图

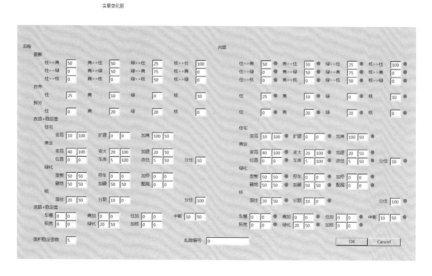

消解。如果没有外部因素的强烈干预，这是不可能发生的。干预未必是整体更新的全盘操作，而可以是自上而下允许或者引导商业公共性进入住区，田子坊就是这种情况。不过公共性替换私密性的过程不可逆，即除了重新拆建外，私密性无法靠自发或引导而重建，无论是不是如图上显示的高层状态。

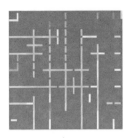

变化频率图 ／ 变化历史记录

3）高层核参数修改

商业和住宅（包括沿街和内部）变高、变大后的稳定性从100降为50（即高、大建筑同样可变），住区内部核转变为住宅的机率从0改为100（即核消解为住区的一部分，沿街核改住宅的机率原本就是100），其

实景变化图

沿街

重新			
住>>商 50	商>>住 50	绿>>住 25	核>>住 100
住>>绿 0	商>>绿 50	绿>>商 75	核>>商 50
住>>核 0	商>>核 0	绿>>核 50	核>>绿 0

合并	住 25	商 0	绿 0	核 10
拆开	住 0	商 20	绿 20	核 0

改建+稳定变
- 住宅：变高 10 50　扩建 0　加高 100 50
- 商业：变高 40 50　变大 20 50　加建 20 50　位置 0　车库 5 50　改建 0　分住 10
- 绿化：重型 0　停车 0　硬地 50 50　加建 50 50　配阁 0
- 核：显住 20 50　分割 10 50　分住 100

游离+稳定变
- 重整 0 0　离加 0 0　住加 0 0　中断 10 50
- 拓宽 0 0　绿化 20 50　加核 0 0

内部

重新			
住>>商 10	商>>住 25	绿>>住 50	核>>住 100
住>>绿 0	商>>绿 50	绿>>商 10	核>>商 0
住>>核 0	商>>核 6	绿>>核 3	核>>绿 0

合并	住 0	商 0	绿 0	核 25
拆开	住 0	商 0	绿 25	核 0

改建+稳定变
- 住宅：变高 5 50　扩建 10 50　加高 20 50
- 商业：变高 0 50　变大 10 50　加建 10 50　位置 25 50　车库 0　改建 0　分住 0
- 绿化：重型 0　停车 50 50　硬地 75 50　加建 50 50　配阁 100 50
- 核：显住 0　分割 0　分住 0

游离+稳定变
- 车整 50 50　离加 20 50　住加 0　中断 25 50
- 拓宽 10 50　绿化 10 50　加核 10 50

面积稳定参数 1　　私数编号 0　　OK　Cancel

他参数不变。从变动后的效果看，因为商业方向更新的动力没有变（在所有方向中仍然最强），所以商业大趋势没有改变，只不过高、大的形态不再具有稳定性，从而演变成丰富多变的小型商业群。需要留意的是，这里保留了沿街参数在更新各项指标上优于内部的设定，所以沿街的丰富性仍然是明显的，甚至因为多样化的随机变动保存了部分核的存在。相对的，内部因为在其他更新参数上的弱势，反而将大商业的消解以及核转住宅的特别设定凸显出来，不仅核消失不见，而且高层住宅在低"出现率"和不稳定的状态下，仍然留有相当数量的存在。概括地说，高层和核的稳定性极大地影响了住区进一步更新。现实中如果说核很难有变动性（一般为公共事业）的话，那么高层建成以后会更加难以撼动。对于住区长久更新的活力而言，此两者虽然情况不同，但都需要谨慎对待。

4）绿化参数修改 1-100

可以理解为用户模式绿化需求下的变动与管理员模式下绿化大发展之间几种状况的比较。以其他用地变为

实暮变化图

9%1000

实暮变化图

33%1000

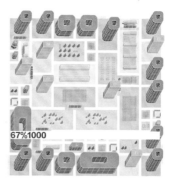

67%1000

实暮变化图

绿化的机率从 0 到 100 为基础，来比照住区变化结果。即 0 变化 1000 次的结果，1 变化 1000 次，以此类推至 100 变化 1000 次的效果比较。用户模式下绿化只有商业变绿化存在一定机率，其他为零。

　　此处选择了三种机率：9%（略高于用户模式的 0）；33%；67%。三者比较，除了直观的绿化增多与否外，商业发展（无论内外）似乎牢不可破。绿化只是在替换多层小型建筑方面有差异。在获得绿地的机率比较适度的情况下——50% 以内，住区取得了一种多样的平衡，各种形态在出现数量上保持一种可比性。可以理解为，因为绿化可以高机率地转化成其他用地，所以事实上成为一种"空地余量"的特别存在。从现实情况看，如果剔除景观因素，绿地"破与立"的悖论某种程度上其实可转译为每一阶段更新是否有留存余量的意愿。

后记

嬗变——住区商业化更新研究指南，是蜗牛工作室上海系列出版的第四本研究集。从开始的城市节点（《城市发展进行时》）、商业化空间（《商业造城》），到后来的住宅建筑（《栖居之重》），以及现在的住区更新（《嬗变》），无论在研究内容、素材整理方法还是解读视角上都表现出很大的差异。不过研究的基调或者说着眼点始终没有变，即在繁复的历史线索和现实情状之间梳理并重建上海城市发展和建筑积累的前路历程，以此为基础客观地认知、审视这个城市以及城市中的建筑传出的文明水平和特征——尤其是摆脱"特色"前缀下自我异化带来的盲目和种种误解。二十多年来上海经历了城市高速发展，面貌日新月异。然而在这个"大变样"的时代进程中，历史的不断废止，未来的瞬时来临，将每一个当下消解为过于片段化的经历碎片。大量碎片的堆叠使我们越来越强烈地感觉到因为记忆浅薄、前路不可知而产生的虚无感。城市建筑可以因文明程度和文化差异呈现出各种各样的外在形态，但是如果这种形态在自然继承的历史内在性，以及可供冷静参照的普世外在性面前显得晦涩而含混的话，那么其成就究竟应该如何被理解，其建设究竟应该如何被参与呢？对于生活在看似习以为常实则陌然环境中的城市居民而言，无法理解且被裹挟着前行的状态，势必带来一种因城市建筑发展与自我成长之间存在感错位而造成的普遍无力和迷惘。这种糟糕的体验在过去很长一段时间——事实上超过了城市发生转变的这二十多年，同样持续强烈地困扰着城市建筑者们。城市空间与人之间联系的长时间分裂疏离，不仅导致环境无法提供起码的归属感，而且环境本身演进的形式辨识性也模糊不清以致陷入某种"不可知论"。同时，因为缺乏使用者活动的参与、介入，城市空间本应产生细腻而深入的多维魅力被限制了。城市发展沦为追求空泛文明与进步的工具。正因为如此，空间形式的"身份"探寻以及此媒介之中生存方式的确认，成为这些年来指导研究进行的基本方向。也正是这种方向，使得研究不断在以下两个问题的反思中调整继续深入的可能。如何能确认研究对象不是某种混乱或病态语境下的产物，从而避免本质上不具有讨论的"正确性"或"积极性"？如何去把握研究对象发展的成熟或者完整程度，从而具有比较意义上的"典型性"？在不可回避的历史曲折和现实困境面前，自我内部关照下的身份重建，可能确实无法将当下的城市建筑研究上升到正确与典型的层面，却足以帮助我们不迷失在表象的迷雾中或失去求索的勇气，并有信心展望城市的切实进步。从这个意义上，在研究最初的愿景中我们才说愿意"保持着观察和思考"，并"衷心地祝愿上海，……中国城市，……越来越美好"（《城市发展进行时》后记）。

华培景、刘建涛、麦卓恒、孙佳琴、张锡阳、程师圆、朱婷、陈小元、邓健胜，由衷地感谢你们烈日下走街串巷的步履不停，那些归途中怀揣着收获的释然眼神和满足欢笑至今历历在目。本书部分成果参与了《城市遇故知》[郑采和（boundary Unlimited）、杨之懿（studio G）、Bart Reuser（Next architecture）]联合研究。感谢组织、策划的郑采和建筑师。中国香港、中国台北的展览和工作坊使我们有机会和不同社会、文化背景研究者交流，和他们的碰撞给予我们很多启迪。本书研究贴士部分内容反映了这种受益。感谢振宇、徐丹、静文愿意倾听研究中的踌躇和苦闷，我们因此获得再出发的动力。

图书在版编目（CIP）数据

嬗变：住区商业化更新研究指南 / 杨之懿，程文杰，
蜗牛工作室著 . — 北京：中国建筑工业出版社，2020.9
ISBN 978-7-5074-3405-7

Ⅰ.①嬗…　Ⅱ.①杨…②程　③蜗　Ⅲ.①居住区
— 商业模式 — 指南　Ⅳ.① TU984.12-62

中国版本图书馆 CIP 数据核字（2021）第 214270 号

责任编辑：滕云飞
责任校对：芦欣甜

嬗变　住区商业化更新研究指南
杨之懿　程文杰　蜗牛工作室　著
＊
中国城市出版社出版、发行（北京海淀三里河路9号）
各地新华书店、建筑书店经销
北京点击世代文化传媒有限公司制版
上海安枫印务有限公司
＊
开本：880毫米×1230毫米　1/32　印张：9　字数：246千字
2021年11月第一版　2021年11月第一次印刷
定价：**68.00** 元
ISBN 978-7-5074-3405-7
（904375）